装饰工程计量与计价

邹钱秀　柴　娟　陈丽娟　主　编
李富宇　宋　莉　蒋贞贞　副主编

清华大学出版社
北　京

内 容 简 介

全书共分为 3 个单元、21 个项目，主要内容包括建筑装饰工程计量与计价基础、建筑装饰工程定额计量与计价、建筑装饰工程工程量清单计量与计价。

本书采用项目教学法编写，通过贯穿全课程的工程案例作引导，内容包括基础知识、典型案例和项目训练，分别完成各项小的任务，循序渐进，最终完成整个实际项目，使教、学、做紧密结合起来。

本书可作为高职高专工程造价、工程监理、工程管理等专业及工程造价相关工作人员学习使用。

图书在版编目(CIP)数据

装饰工程计量与计价/邹钱秀，柴娟，陈丽娟主编. —北京：清华大学出版社，2021.8
ISBN 978-7-302-57346-3

Ⅰ. ①装… Ⅱ. ①邹… ②柴… ③陈… Ⅲ. ①建筑装饰—计量 ②建筑装饰—工程造价 Ⅳ. ①TU723.3

中国版本图书馆 CIP 数据核字(2021)第 017994 号

责任编辑：孟　攀
装帧设计：刘孝琼
责任校对：周剑云
责任印制：朱雨萌
出版发行：清华大学出版社
　　网　　址：http://www.tup.com.cn, http://www.wqbook.com
　　地　　址：北京清华大学学研大厦 A 座　　**邮　　编：**100084
　　社 总 机：010-62770175　　**邮　　购：**010-62786544
　　投稿与读者服务：010-62776969, c-service@tup.tsinghua.edu.cn
　　质量反馈：010-62772015, zhiliang@tup.tsinghua.edu.cn
　　课件下载：http://www.tup.com.cn, 010-62791865
印 装 者：三河市少明印务有限公司
经　　销：全国新华书店
开　　本：185mm×260mm　　**印　张：**12.25　　**字　数：**295 千字
版　　次：2021 年 8 月第 1 版　　**印　次：**2021 年 8 月第 1 次印刷
定　　价：39.00 元

产品编号：082034-01

前　　言

本书根据国家颁发的《建设工程工程量清单计价规范》(GB 50500—2013)、《房屋建筑与装饰工程工程量计量规范》(GB 50854—2013)和《重庆市房屋建筑与装饰工程计价定额》(CQJZZSDE—2018)等最新的相关工程造价与管理方面的政策、法规要求编写，本书以培养读者基本技能及综合能力和职业素养为前提，重点培养读者的实际动手操作能力，在国家统一的计价方法、标准前提下，体现地区的特点；在编写中，采用了最新计量计价标准和先进的方法，体现了与时俱进的特点。书中从不同的角度列举了多个计算示例，帮助初学者掌握有关问题的计算方法。为满足不同层次读者的需要，本书文字叙述通俗易懂，版面编排图文并茂，丰富的版面及新颖的表现形式能够激发读者的学习兴趣，有利于消化学习内容。

本书分为 3 个单元，21 个项目：单元 1 讲述建筑装饰工程计量与计价基础，包括 6 个项目，主要内容为建筑装饰工程内容与分类、建筑装饰工程施工图、建筑装饰工程造价、建筑装饰工程计价方法、工程量清单计价与计量规范、建筑装饰工程计价定额的应用与换算；单元 2 讲述建筑装饰工程定额计量与计价，包括 8 个项目，主要内容为楼地面装饰工程、墙柱面工程、天棚工程、门窗工程、油漆与涂料及裱糊工程、其他装饰工程、垂直运输和超高降效、定额计价模式装饰工程造价文件的编制；单元 3 讲述建筑装饰工程工程量清单计量与计价，包括 7 个项目，主要内容为楼地面装饰工程、墙和柱面装饰与隔断及幕墙工程、天棚工程、油漆与涂料及裱糊工程、其他装饰工程、门窗工程与措施项目、清单计价模式装饰工程造价文件的编制。

本书由重庆能源职业学院邹钱秀、柴娟、陈丽娟担任主编，李富宇、宋莉、蒋贞贞任副主编。由于编者理论和工程实践水平有限，在编写的过程中难免有疏漏和不足，恳请读者批评指正。

编　者

目　录

单元 1　建筑装饰工程计量与计价基础

学习目标：

了解建筑装饰工程内容；掌握建筑装饰工程的分类；掌握建筑装饰工程工程图识读；理解工程造价的含义及基本建设项目组成；掌握建筑装饰工程费用项目的组成；理解建筑装饰工程计价基本原理；掌握计价标准、依据及计价基本程序；掌握工程量清单的编制内容、计价表的格式及其编制要求。

引例：

某造价事务所受委托编制自助银行装饰工程招标控制价，按照地区消耗量定额和清单计价规范已经计算出各分部分项工程费用，共 14.54 万元。请问计算招标控制价还要考虑哪些费用？其计价依据及计算程序是什么？

项目 1.1　建筑装饰工程内容与分类

能力标准：

- 了解建筑装饰工程内容。
- 掌握建筑装饰工程分类。

1.1.1　建筑装饰工程内容

1. 建筑装饰工程内容概述

建筑装饰工程是以科学的施工工艺，为保护建筑主体结构，满足人们的视觉要求和使用功能，从而对建筑物和主体结构的内外表面进行的装饰和装修，并对建筑及其室内环境进行艺术加工和处理。

1) 室外装饰

室外装饰包括外墙、幕墙、门头及门面等的装饰与处理。

外墙是室内外空间的界面，一般常用面砖、琉璃、涂料、石渣等材料饰面，有的还用玻璃、铝合金或石材幕墙板做成幕墙，使建筑物显得明快、挺拔，具有现代感。

幕墙是指悬挂在建筑结构框架表面的非承重墙，它的自重及受到的风荷载是通过连接件传给建筑结构的。玻璃幕墙和铝合金幕墙主要是由玻璃或铝合金幕墙板与固定它们的金属型材骨架系统两大部分组成。

门头是建筑物的主要出入口部分，它包括雨篷、外门、门廊、台阶、花台或花池等。

门面单指商业用房，它除了包括主出入口的有关内容外，还包括招牌和橱窗。

室外装饰一般还有阳台、窗楣(窗洞口的外面装饰)、遮阳板、栏杆、围墙、大门和其他建筑装饰小品等项目。

2) 室内装饰

室内装饰包括天棚、楼地面、内墙(柱)面、隔墙(或隔断)、门窗、楼梯等的装饰与处理。

天棚也称天花板，是室内空间的顶界面。天棚装饰是室内装饰的重要组成部分，它的设计常常要从审美要求、物理功能、建筑照明、设备安装、管线敷设、检修维护、防火安全等多方面综合考虑。

楼地面是室内空间的底界面，通常是指在普通水泥或混凝土地面和其他基层表面上所做的饰面层。由于家具等直接放在楼地面上，因此要求楼地面应能承受重力和冲击力；由于人经常走动，因此要求楼地面具有一定的弹性、防滑、隔声等能力，并便于清洁。

内墙(柱)面是室内空间的侧界面，经常处于人们的视觉范围内，是人们在室内接触最多的部位，因此其装饰常常也要从艺术性、使用功能、接触感、防火及管线敷设等方面综合考虑。

对于建筑内部在隔声或遮挡视线上有一定要求的封闭型非承重墙，到顶的称为隔墙，不到顶的称为隔断。隔断的制作一般都较精致，多做成镂空花格或折叠式，有固定的也有活动的，它主要起界定室内小空间的作用。

内墙装饰形式非常丰富。一般习惯将高度在 1.5m 以上的，用饰面板(砖)饰面的墙面装饰形式称为护壁；将高度在 1.5m 以下的称为墙裙，在墙体上凹进去一块的装修形式称为壁龛，在墙面下部起保护墙脚面层作用的装饰形式称为踢脚线。

室内门窗的形式很多，按材料可分为铝合金门窗、木门窗、塑钢门窗、钢门窗等。按开启方式分，门有平开、推拉、弹簧、转门、折叠等，窗有固定平开、推拉、转窗等。另外，还有厚玻璃装饰门等。门窗的装饰构件有贴脸板(用来遮挡靠里皮安装的门、窗产生的缝隙)、窗台板(在窗下槛内侧安装，起保护窗台和装饰窗台面的作用)、筒子板(在门窗口两侧墙面和过梁底面用木板、金属、石材等材料包钉镶贴)等，筒子板通常又称门、窗套。此外，窗还包括窗帘盒或窗帘幔杆，用来安装窗帘轨道，遮挡窗帘上部，增加装饰效果。

室内装饰还有楼梯踏步、楼梯栏杆(板)、壁橱和服务台(吧台)等。以上这些装饰构造的共同作用：一是保护主体结构，使主体结构在室内外各种环境因素作用下具有一定的耐久性；二是为了满足人们的使用要求和精神要求，进一步实现建筑的使用和审美功能。

2. 建筑装饰工程的施工顺序

建筑装饰工程是建筑施工的重要组成部分，主要包括抹灰、吊顶、饰面、玻璃、涂料、裱糊、刷浆和门窗等工程。

装饰工程的施工顺序对保证施工质量起着控制作用。室外抹灰和饰面工程的施工，一般应自上而下进行；高层建筑采取措施后，可分段进行；室内装饰工程的施工，应待屋面防水工程完工后，并在不致被后续工程所损坏和污染的条件下进行；室内抹灰在屋面防水

工程完工前施工时，必须采取防护措施。室内吊顶、隔墙的罩面板和花饰等工程，应待室内地(楼)面湿作业完工后施工。室内装饰工程的施工顺序，应符合以下规定。

(1) 抹灰、饰面、吊顶和隔墙工程，应待隔墙、钢木门、窗框、暗装管道、电线管和电器预埋件、预制钢筋混凝土楼板灌缝完工后进行。

(2) 钢木门窗及其玻璃工程，根据地区气候条件和抹灰工程的要求，可在湿作业前进行；铝合金、塑料、涂色镀锌钢板门窗及其玻璃工程，宜在湿作业完工后进行，如需在湿作业前进行，必须加强保护。

(3) 有抹灰基层的饰面板工程，吊顶及轻钢花饰安装工程，应待抹灰工程完工后进行。

(4) 涂料、刷浆工程以及吊顶、隔断、罩面板的安装，应在塑料地板、地毯、硬质纤维等地(楼)面的面层和明装电线施工前，管道设备试压后进行。木地(楼)板面层的最后一遍涂料，应待裱糊工程完工后进行。

(5) 裱糊工程应待顶棚、墙面、门窗及建筑设备的涂料和刷浆工程完工后进行。

3. 建筑装饰工程的作用

建筑装饰工程具有以下几个方面的作用。

(1) 具有丰富建筑设计和体现建筑艺术表现力的功能。

(2) 具有保护房屋不受风、雨、雪、雹以及大气的直接侵蚀。

(3) 延长建筑物寿命的功能。

(4) 具有改善居住和生活条件的功能。

(5) 具有美化城市环境，展示城市艺术魅力的功能。

4. 建筑装饰工程的等级

建筑装饰工程的等级如表 1-1 所示。

表 1-1　建筑装饰工程的等级

建筑装饰的等级	建筑物的类型
高级装饰等级	大型博览建筑、大型剧院、纪念性建筑、大型邮电、交通建筑、大型贸易建筑、体育馆、高级宾馆、高级住宅
中级装饰等级	广播通信建筑，医疗建筑，商业建筑，普通博览建筑，邮电、交通、体育建筑，旅馆建筑，高教建筑，科研建筑
普通装饰等级	居住建筑，生活服务性建筑，普通行政办公楼，中、小学建筑

1.1.2　建筑装饰工程项目的划分

1. 建设工程项目

建设项目是指按一个总体设计组织施工，建成后具有完整的系统，可以独立形成生产能力或者使用价值的建设工程。一般以一个企业(联合企业)、事业单位或独立工程作为一

个建设项目。

凡属于一个总体设计中的主体工程和相应的附属配套工程、综合利用工程、环境保护工程、供水供电工程以及水库的干渠配套工程等，都统作为一个建设项目；凡不属于一个总体设计，经济上分别核算，工艺流程上没有直接联系的几个独立工程，应分别列为几个建设项目。

建设项目一般来说由几个或若干个单项工程构成，也可以是一个独立工程。在民用建设中，一所学校、一所医院、一家宾馆、一个机关单位等为一个建设项目；在工业建设中，一个企业(工厂)、一座矿山(井)为一个建设项目；在交通运输建设中，一条公路、一条铁路为一个建设项目。

2. 单项工程

单项工程又称为工程项目、单体项目，是建设项目的组成部分。单项工程具有独立的设计文件，单独编制综合预算，能够单独施工，建成后可以独立发挥生产能力或使用效益，如一所学校建设中的各幢教学楼、学生宿舍、图书馆等。

3. 单位工程

单位工程是单项工程的组成部分，有单独设计的施工图纸和单独编制的施工图预算，可以独立组织施工，但建成后不能单独进行生产或发挥效益。通常，单项工程要根据其中各个组成部分的性质不同分为若干个单位工程。例如，工厂(企业)的一个车间是单项工程，则车间厂房的土建工程、设备安装工程是单位工程；一幢办公楼的土建工程、建筑装饰工程、给水排水工程、采暖通风工程、煤气管道工程、电气照明工程均为一个单位工程。

需要说明的是，按传统的划分方法，装饰装修工程是建筑工程中土建工程的一个分部工程。随着经济发展和人们生活水平的普遍提高，工作、居住条件和环境正日益得到改善，建筑装饰业已经发展成为一个新兴的、比较独立的行业，传统的分部工程便随之独立出来，成为单位工程，单独设计施工图纸，单独编制施工图预算。目前，已将原来意义上的装饰分部工程统称为建筑装饰装修工程或简称为装饰工程(单位工程)。

4. 分部工程

分部工程是单位工程的组成部分，一般是按单位工程的各个部位、主要结构、使用材料或施工方法等的不同而划分的工程。例如，土建单位工程可以划分为：土石方工程，桩基础工程，砌筑工程，混凝土及钢筋混凝土工程，构件运输及安装工程，门窗及木结构工程，楼地面工程，屋面及防水工程，防腐、保温、隔热工程，装饰工程，金属结构制作工程，脚手架工程等分部工程。建筑装饰单位工程分为楼地面工程、墙柱面工程、天棚工程、门窗工程、油漆涂料工程、脚手架工程及其他构配件装饰等分部工程。

5. 分项工程

分项工程是分部工程的组成部分，它是建筑安装工程的基本构成因素，通过较为简单的施工过程就能完成，是可以用适当的计量单位加以计算的建筑安装工程产品，如墙柱面工程中的内墙面贴瓷砖、内墙面贴花面砖、外墙面贴釉面砖等均为分项工程。

分项工程是单项工程(或工程项目)最基本的构成要素，它只是便于计算工程量和确定其单位工程价值而人为设想出来的假想产品，但这种假想产品对编制工程预算、招标标底、投标报价以及编制施工作业计划进行工料分析和经济核算等方面都具有实用价值。企业定额和消耗量定额都是按分项工程或更小的子目进行列项编制的，建设项目预算文件(包括装饰项目预算)的编制也是从分项工程(常称定额子目或子项)开始，由小到大，分门别类地逐项计算归并为分部工程，再将各个分部工程汇总为单位工程预算或单项工程总预算。

图 1-1 所示为建设项目划分示意图。

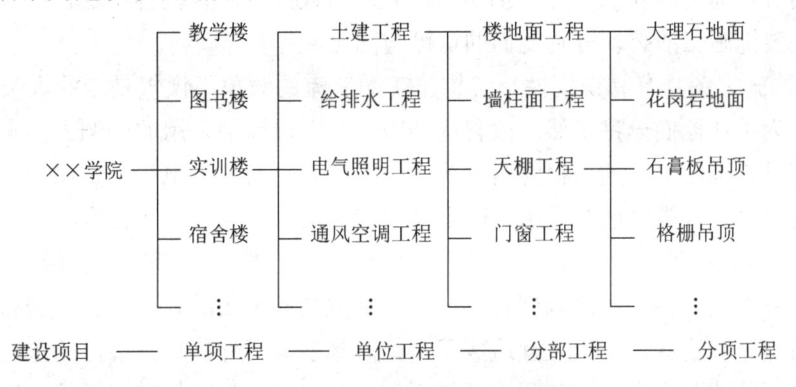

图 1-1　建设项目划分示意图

思考与训练

一、单项选择题

1. 建筑装饰工程属于(　　)。

　A. 建设项目　　B. 单位工程　　C. 单项工程　　D. 分部工程

2. 下列项目属于分部分项工程的是(　　)。

　A. 教学楼　　B. 实训楼　　C. 土建工程　　D. 大理石楼地面

二、简答题

1. 简述建筑装饰工程内容。
2. 简述建筑装饰工程分类。

项目 1.2　建筑装饰工程施工图

能力标准：

- 了解建筑装饰工程施工图的组成。
- 掌握建筑装饰工程施工图的识读。

1.2.1 装饰施工图的特点、组成与常用图例

1. 装饰施工图的特点

装饰施工图与建筑施工图一样，均是按国家现行建筑制图标准，采用相同的材料图例，按照正投影原理绘制而成的。装饰施工图与建筑施工图相比，具有以下特点。

(1) 装饰施工图是设计者与客户的共同结晶。装饰设计直接面对的是最终用户或房间的直接使用者，他们的要求、理想都明白地表达给设计者，有些客户还直接参与设计的每一个阶段，装饰施工图必须得到他们的认可与同意。

(2) 装饰施工图具有易识别性。装饰施工图交流的对象不仅仅是专业人员，还包括各种客户群，为了让他们一目了然，改善沟通效果，在设计中采用的图例大都具有形象性。例如，在家具装饰图中，人们很容易分辨出床、沙发、茶几、电视、空调、桌椅，人们大都能从直观感觉中分辨出地面材质，即木地面、地毯、地砖、大理石等。

(3) 装饰施工图涉及的范围广，图示标准不统一。装饰施工图不仅涉及建筑，还包括家具、机械、电气设备；不仅包括材料，还包括成品和半成品。建筑、机械和设备的规范都要执行与遵守，这就给统一规程造成了一定的难度，另外，目前国内的室内设计师成长和来源渠道不同，更造成了规范和标准的不统一。目前，学院教育遵循的建筑制图有关规范和标准，正在被大众接受和普及。

(4) 装饰施工图涉及的做法多，选材广，必要时应提供材料样板。装饰的目的最终由界面的表观特征来表现，包括材料的色彩、纹理、图案、软硬、刚柔、质地等属性。例如，内墙抹灰根据装饰效果就有光滑、拉毛、扫毛、仿面砖、仿石材、刻痕、压印等多种效果，加上色彩和纹理的不同，最终的结果千变万化，必须提供材料样板方可操作。再例如，大理石的产地不同、色泽不同，仅从名称很难把握，再加上其表面根据装饰需要可进行凿毛、烧毛、压光镜面等加工，无样板很难对比，对于常说的乳胶漆则更难把握。

(5) 装饰施工图详图多。目前国家装饰标准图集较少，而装饰节点又较多，因此，设计者应将每一节点的形状、大小、连接和材料要求详细地表达出来。

2. 装饰施工图的组成

装饰施工图是在建筑各工种施工图的基础上修改、完善而成的。建筑装饰工程图由效果图、装饰施工图和室内设备施工图组成。

装饰施工图也要对图纸进行归纳与编排。将图纸中未能详细标明或图样不易标明的内容写成施工总说明，将门、窗和图纸目录归纳成表格，并将这些内容放在首页。建筑装饰工程图的编排顺序原则是：表现性图纸在前，技术性图纸在后；装饰施工图在前，配套设备施工图在后；基本图在前，详图在后；先施工图纸在前，后施工图纸在后。

一般一套装饰施工图包括的内容如下。

(1) 效果图。

(2) 设计说明、图纸目录。

(3) 主材料表。

(4) 预算估价书。

(5) 平面布置图。

(6) 地面材料标识图。

(7) 综合天棚图。

(8) 天棚造型及尺寸定位图。

(9) 天棚照明及电气设备定位图。

(10) 所有房间立面图及各立面剖面图。

(11) 节点详图。

(12) 固定家具详图。

(13) 移动家具选型图、陈设选择图。

3. 装饰施工图的常用图例

装饰施工图的图例主要按以下几个原则编制而成。

(1) 国家制图标准中已有的图例，能直接引用的最好直接引用，如装饰施工图中与建筑施工图相同部分的绝大多数图例都是直接引用建筑制图标准图例。

(2) 国家标准中有但不完善的图例，则进行补充，并加图例符号说明，如灯具图例。

(3) 国家标准中没有的图例，能写实的尽量写实绘制图例，不能写实的则写意绘制，以加强图例的易识别性。装饰施工图的常用图例见表1-2。

表1-2 装饰施工图的常用图例

图 例	说 明	图 例	说 明
	双人床		装饰隔断(应用文字说明)
			玻璃护栏
	单人床	ACU	空调器
			电视
	沙发(特殊家具根据实际情况绘制其外轮廓线)	W	洗衣机
		WH	热水器
	坐凳		灶
	桌		地漏
	钢琴		电话
	地毯		开关(涂墨为暗装，不涂墨为明装)
	盆花		插座(同上)
	吊框		配电盘
食品柜 茶水柜 矮柜	其他家具可在框形或实际轮廓中用文字注明		电风扇
			壁灯

续表

图 例	说 明	图 例	说 明
	壁橱		吊灯
	浴盆		洗涤槽
	坐便器		污水池
	洗脸盆		沐浴器
	立式小便器		蹲便器

1.2.2 装饰施工图的识读

1. 装饰平面图

装饰平面图包括平面布置图、地面布置图、天棚平面图。

平面布置图和综合天棚图是识读装饰施工图的重点和基础(装饰项目较简单时，往往把平面布置图、地面材料标识图合并画为平面布置图，把天棚造型及尺寸定位图、天棚照明及电气设备定位图合并画在综合天棚图上)。

1) 平面布置图

(1) 平面布置图的形成和图示方法。

平面布置图是假想用一个水平的剖切平面，在略高于窗台的位置，将经过内外装修后的房屋整个剖开，移去上面部分向下所作的水平投影图。它的作用主要是表明建筑室内外各种装饰布置的平面形状、位置、大小和所用材料；表明这些布置与建造主体结构之间以及各种布置之间的相互关系等。

(2) 装饰内视符号。

为了表示室内立面图在平面布置图中的位置，应在平面布置图上用内视符号注明视点位置、方向及立面编号。内视符号中的圆圈用细实线绘制，根据图面比例，圆圈直径可选8～12mm，如图 1-2 所示。

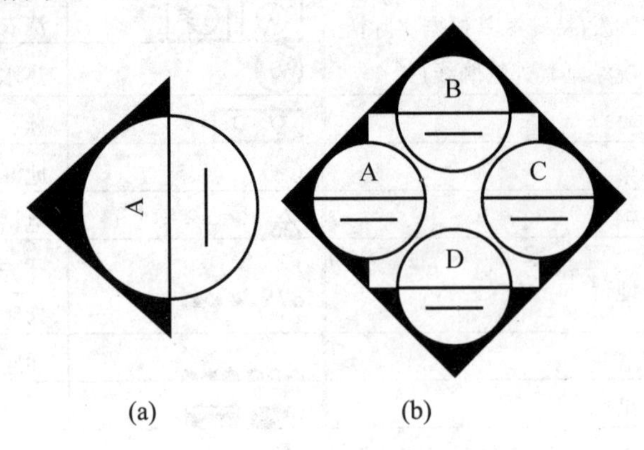

图 1-2 内视符号

(3) 平面布置图的识读。

① 看平面布置图要先看图名、比例、标题栏，认定该图是什么平面图，再看建筑平面基本结构及其尺寸，把各房间名称、面积以及门窗、走廊、楼梯等的主要位置和尺寸了解清楚，最后看建筑平面结构内的装饰结构和装饰设置的平面布置等内容。

② 通过对各房间和其他空间主要功能的了解，明确为满足功能要求所设置的设备与设施的种类、规格和数量，以便制订相关的购买计划。

③ 了解各装饰面对材料规格、品种、色彩和工艺制作的要求，明确各装饰面的结构材料与饰面材料的衔接关系与固定方式，并结合饰面形状与尺寸制订材料计划和施工安排计划。

④ 面对众多的尺寸，要注意区分建筑尺寸和装饰尺寸。在装饰尺寸中，又要能分清其中的定位尺寸、外形尺寸和结构尺寸。定位尺寸是确定装饰面或装饰物在平面布置图上位置的尺寸，外形尺寸是装饰面或装饰物的外轮廓尺寸，结构尺寸是组成装饰面和装饰物各构件及其相互关系的尺寸。

平面布置图上为了避免重复，同样的尺寸往往只代表性地标注一个，读图时要注意将相同的构件或部位归类。

⑤ 通过平面布置图上的内视符号，明确视点位置、立面编号和投影方向，并进一步查出各投影方向的立面图。

⑥ 通过平面布置图上的剖切符号，明确剖切位置及剖视方向，进一步查阅剖面图。

⑦ 通过平面布置图上的索引符号，明确被索引部位及详图所在的位置。

阅读平面布置图应抓住面积、功能、装饰面、设施以及与建筑结构的关系这5个要点。

图1-3所示为某住宅楼的室内设计平面图。它是根据室内设计原理中的使用功能、人体工程学以及用户的要求等，对室内空间进行布置的图样。由于空间的划分、功能的区分是否合理会直接影响到使用效果和精神感受，因此，在室内设计中平面图通常是首先设计的内容。

如图1-3所示的客厅是家庭生活的活动中心，它将餐厅、阳台连接在一起，从而具有延伸、宽敞、通透的感觉。客厅平面布置的功能分区主要有主座位区、视听电器区、空调、主墙面、人行通道等。根据客厅的平面形状、大小及家具、电器等的基本尺寸，将沙发、茶几、地柜、电视、人行通道等布置为图示中的客厅部分。其中，主墙面为③轴墙面(即*A*向立面)，在此墙面上将做重点的装饰构造处理。客厅的地面铺800mm×800mm的地砖。当室内平面图不太复杂时，楼地面装饰图可直接与其合并，复杂时也可以单独设计楼地面装饰图。如果地面各处的装饰做法相同，为了使室内平面图更加清晰，可不必满堂画图，一般选择图像相对疏空部分画出，如卧室、书房的地面就是部分画出的。

主卧室与次卧室的主要家具有床、床头柜、梳妆台、嵌墙衣柜等。其中，床头靠墙，其余三面作为人行通道，方便使用。其地面采用实木地板。

书房主要有阅读和休息两个功能区，配有沙发、茶几、书桌、书橱等。其地面铺实木地板。

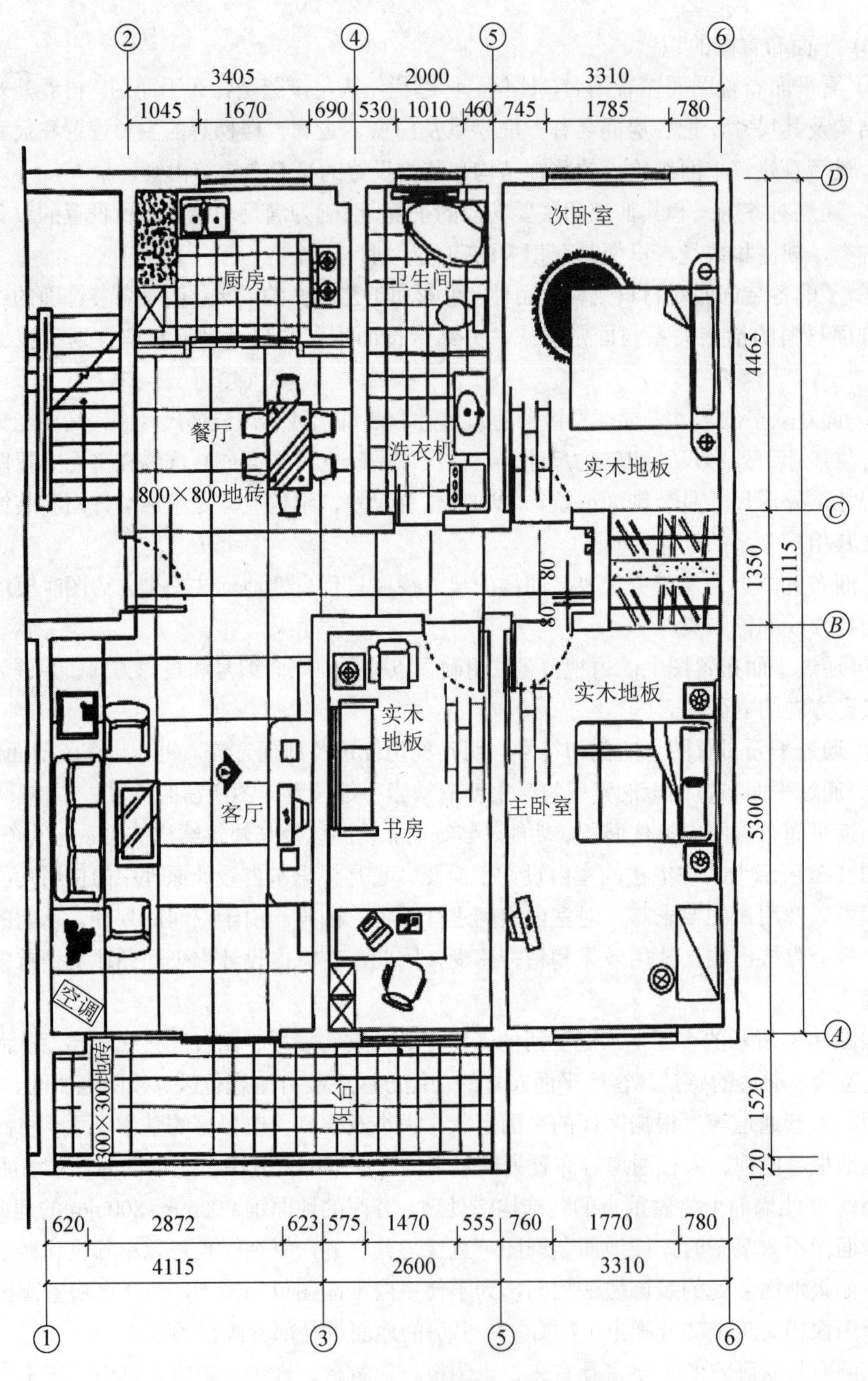

图 1-3　某住宅楼的室内设计平面图

餐厅与厨房相连，为了节省空间，厨房门采用推拉式，加之餐厅与客厅相通，使本来不大的餐厅，显得视野相对宽阔。餐厅主要布置了餐桌和餐椅，其地面与客厅地面相同。厨房主要有操作台、橱柜、电冰箱等，均沿墙边布置，地面采用防滑瓷砖。卫生间按原建筑图布置，地面铺防滑瓷砖。

2) 地面布置图

(1) 地面布置图的形成和图示方法。

地面布置图也称为地面材料标识图，是在室内布置可移动的装饰要素(如家具、设备、盆栽等)的理想状况下，假想用一个水平的剖切平面，在略高于窗台的位置将经过内外装修的房屋整个剖开，移去以上部分向下所作的水平投影图。它主要是用来表明建筑室内外各种地面的造型、色彩、位置、大小、高度图案和地面所用材料，表明房间内固定布置与建筑主体结构之间、各种布置与地面之间以及不同的地面之间的相互关系等。

(2) 地面布置图的识读。

① 看图名、比例。

② 看外部尺寸，了解与平面布置图的房间是否相同，弄清图示中是否有错漏以及不一致的地方。

③ 看房间内部地面装修。看大面材料，看工艺做法，看质地、图案、花纹、色彩、标高，看造型及起始位置，确定定位放线、实际操作的可能性，并提出施工方案和调整设计方案。

④ 通过地面布置图上的剖切符号，明确剖切位置及其剖视方向，进一步查阅相应的剖面图。

⑤ 通过地面布置图上的索引符号，明确被索引部位及详图所在的位置。

3) 天棚平面图

天棚平面图包括综合天棚图、天棚造型及尺寸定位图、天棚照明及电气设备定位图。

(1) 天棚平面图的形成。

天棚平面图有两种形成方法：一是假想房屋水平剖开后，移去下面部分向上作直接正投影而成；二是采用镜像投影法将地面视为镜面，对镜中天棚的形象作正投影而成。天棚平面图一般都采用镜像投影法绘制。天棚平面图主要是用来表明天棚装饰的平面形式、尺寸和材料，以及灯具和其他各种室内顶部设施的位置和大小等。

(2) 天棚平面图的识读。

① 首先应弄清楚天棚平面图与平面布置图各部分的对应关系，核对天棚平面图与平面布置图在基本结构和尺寸上是否相符。

对于某些有跌级变化的天棚，要分清它的标高尺寸和线型尺寸，并结合造型平面分区，在平面上建立起三维空间的尺度概念。

② 通过天棚平面图，了解顶部灯具和设备设施的规格、品种与数量。

③ 通过天棚平面图上的文字标注，了解天棚所用材料的规格、品种及其施工要求。

④ 通过天棚平面图上的索引符号，找出详图对照着阅读，弄清楚天棚的详细构造。

当天棚过于复杂时，应分成综合天棚图、天棚造型及尺寸定位图、天棚照明及电气设备定位图等多种图纸进行绘制。

① 综合天棚图：重点在于表现天棚造型、设备布置的区域或大小，表明它们与建筑结构的关系，以及天棚所用的材料，使人们对天棚的布置有整体的理解。室内尺度一般只注

写相对标高。

② 天棚造型及尺寸定位图。重点表明天棚装饰造型的平面形式和尺寸，并通过附加文字说明其所用材料、色彩及工艺要求。天棚的跌级变化应结合造型平面分区用标高的形式来表示。

③ 天棚照明及电气设备定位图。主要表明顶部灯具的种类、样式、规格、数量及布置形式和安装位置。天棚平面图上的小型灯具按比例用一个细实线圆表示，大型灯具可按比例画出它的正投影外形轮廓，力求简明概括。

用一个假想的水平剖切平面，沿装饰房间的门窗洞口处，作水平全剖切，移去下面部分，对剩余的上面部分所作的镜像投影就是天棚平面图，如图 1-4 所示。

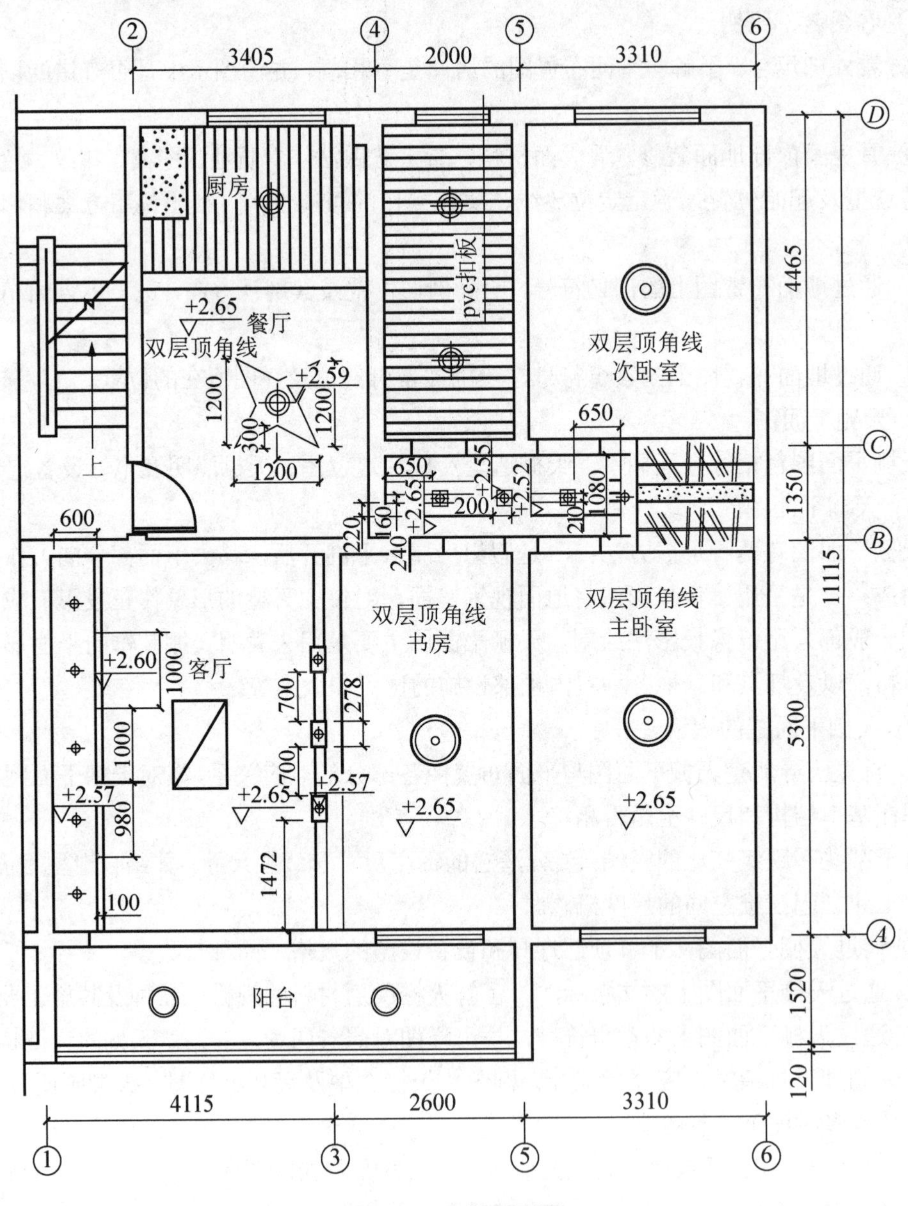

图 1-4　天棚平面图

图 1-4 是图 1-3 的对应天棚平面图。由于室内的净空高度较低(2.65m)，为了避免影响采光或有压抑感，其卧室、客厅、餐厅、书房面层均做直线式，即在结构层上刮腻子、涂刷乳胶漆，为了增加立面造型，客厅影视墙顶用石膏线和造型灯处理，其他各天棚用石膏做双层顶角线处理，以增加温馨的气氛；厨房、卫生间由于油烟、潮气较大，为了便于清洁和防潮，选用 PVC 扣板作为悬挂式天棚材料。

2. 装饰立面图

装饰立面图包括室外装饰立面图和室内装饰立面图。

1) 装饰立面图的形成

室外装饰立面图是将建筑物经装饰后的外观形象，向铅直投影面所作的正投影图。它主要表明屋顶、檐头、外墙面、门头与门面等部位的装饰造型、装饰尺寸和饰面处理，以及室外水池、雕塑等建筑装饰小品布置等内容。

2) 装饰立面图的识读

(1) 明确装饰立面图上与该工程有关的各部位尺寸和标高。

(2) 通过图中不同线型的含义，搞清楚立面图上各种装饰造型的凹凸起伏变化和转折关系。弄清楚每个立面图上有几种不同的装饰面，以及这些装饰面所选用的材料与施工工艺要求。

(3) 逐个查看房间内部墙面装修，并列表统计。看大面材料、工艺做法以及质地、图案、花纹、色彩、标高，再看造型及起始位置，确定定位放线、实际操作的可能性，并提出施工方案和调整设计方案。

(4) 立面图上各装饰面之间的衔接收口较多，这些内容在装饰立面图上表示得比较概括，多在节点详图中详细表明。要注意找出这些详图，明确它们的收口方式、工艺和所用材料。

(5) 明确装饰结构之间以及装饰结构与建筑结构之间的连接固定方式，以便提前准备预埋件和紧固件。

(6) 要注意设施的安装位置，电源开关、插座的安装位置和安装方式，以便在施工中留下位置。

阅读室内装饰立面图时，要结合平面布置图、天棚平面图和该室内其他装饰立面图对照阅读，明确该室内的整体做法与要求。阅读室内装饰立面图时，要结合平面布置图和该部位的装饰剖面图综合阅读，全面弄清楚它的构造关系。

图 1-5 所示为客厅主墙面装饰立面图。该装饰立面图实质是客厅的剖面图。与建筑平面图不同的是，它没有画出其余各楼层的投影，而重点表达该客厅墙面的造型、用料、工艺要求等以及天棚部分的投影。对于活动的家具、装饰物等都不在图中表示。它属于墙立面投影图的形式。

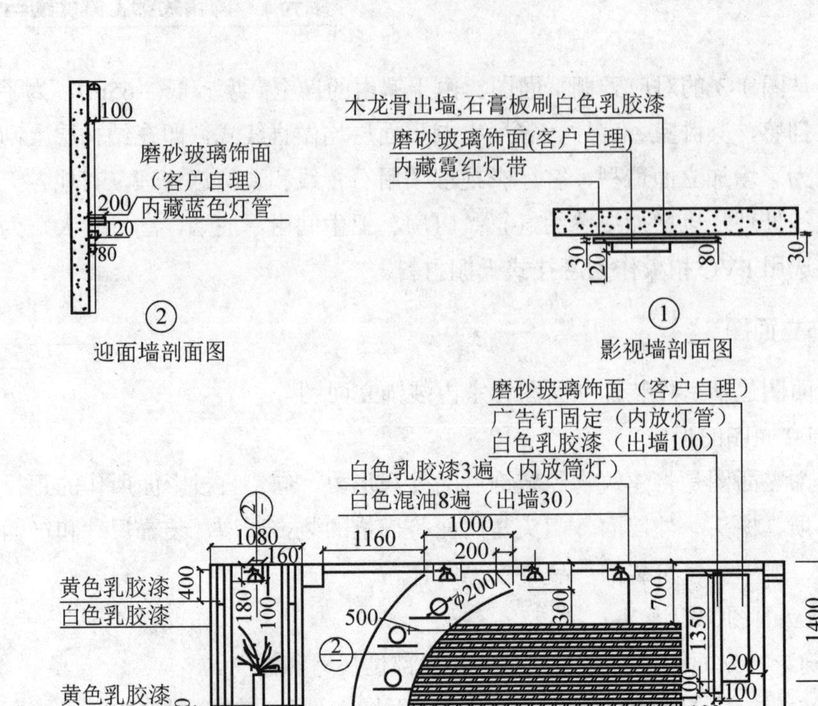

图 1-5　客厅主墙面装饰立面图

3. 装饰剖面图及装饰详图

1) 装饰详图的形成与特点

装饰详图也称为大样图。它是把在装饰平面图、地面布置图、天棚平面图、装饰立面图中无法表示清楚的部分按比例放大，按有关正投影作图原理而绘制的图样。装饰详图与基本图之间有从属关系，因此绘制时应保持构造做法的一致性。装饰详图具有以下特点。

(1) 装饰详图的绘制比例较大，材料的表示必须符合国家有关制图标准的规定。

(2) 装饰详图必须交代清楚构造层次及做法，因而尺寸标注必须准确，语言描述必须恰当，并尽可能采用通用的词汇，文字较多。

(3) 装饰细部做法很难统一，导致装饰详图多、绘图工作量大，因而应尽可能选用标准图集，对习惯做法可以只做说明。

(4) 装饰详图可以在详图中再套详图，因此应注意详图索引的隶属关系。

2) 装饰剖面图的识读

装饰剖面图的识读要点如下。

(1) 阅读建筑装饰剖面图时，首先要对照平面布置图，看清楚剖切面的编号是否相同，了解该剖面的剖切位置和剖视方向。

(2) 在众多图像和尺寸中，要分清哪些是建筑主体结构的图像和尺寸、哪些是装饰结构的图像和尺寸。当装饰结构与建筑结构所用材料相同时，它们的剖切面表示方法是一致的。现代某些大型建筑的室内外装饰，并非是贴墙面、铺地面、吊顶而已，因此要注意区分，以便进一步研究它们之间的衔接关系、方式和尺寸。

(3) 通过对建筑装饰剖面图中所示内容的阅读研究，明确装饰工程各部位的构造方法、构造尺寸、材料要求与工艺要求。

(4) 建筑装饰形式变化多，程式化的做法少，作为基本图的装饰剖面图只能表明原则性的技术构成问题，具体细节还需要建筑详图来补充表明。因此，在阅读建筑装饰剖面图时，还要注意按图中索引符号所示方向，找出各部位节点详图，不断对照仔细阅读。弄清楚各连接点或装饰面之间的衔接方式以及包边、盖缝、收口等细部的材料、尺寸和详细做法。

(5) 阅读建筑装饰剖面图要结合平面布置图和天棚平面图进行。某些室外装饰剖面图还要结合装饰立面图来综合阅读，才能全方位地理解剖面图示内容。

内墙装饰剖面图及节点详图如图 1-6 所示，内墙装饰剖面图及节点详图反映了墙板结构做法及内外饰面的处理。最上面是轻钢龙骨吊顶、TK 板面层、宫粉色水性立邦漆饰面。天棚与墙面相交处用 GX-07 石膏阴角线收口，护壁板上口墙面用钢化仿瓷涂料饰面。

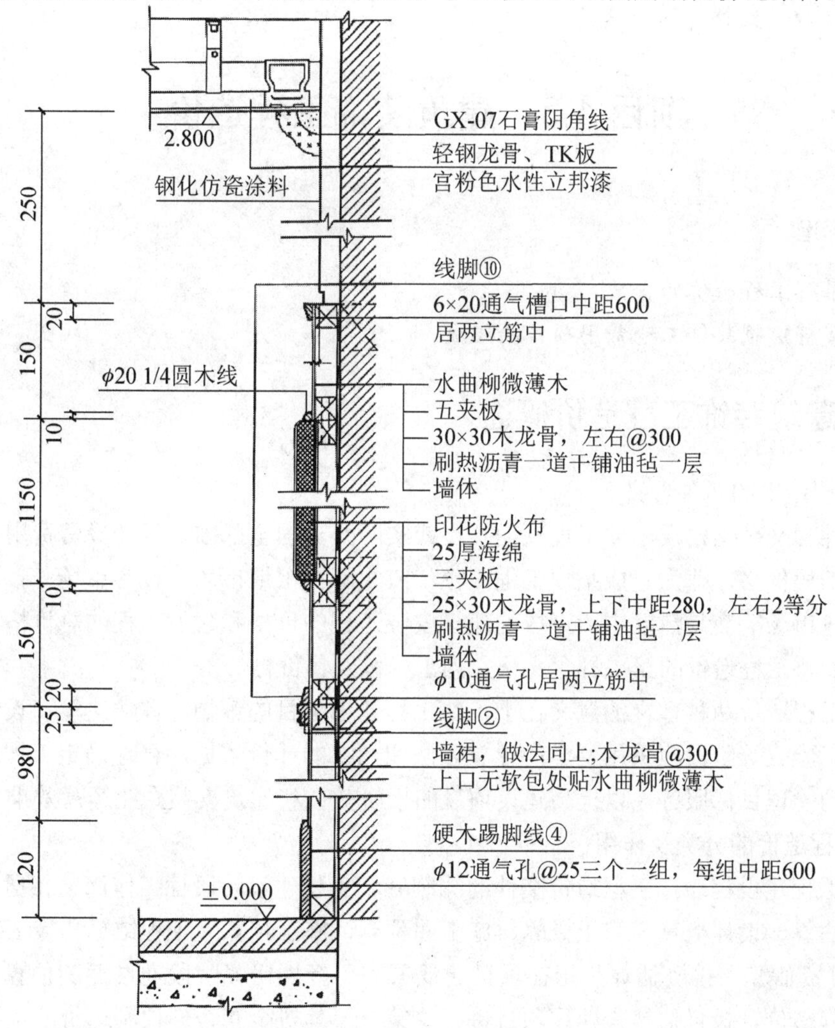

图 1-6　内墙装饰剖面图及节点详图

墙面中段是护壁板，护壁板中部凹进5mm，凹进部分嵌装25mm厚海绵，并用印花防火布包面。护壁板上口无软包处贴水曲柳做薄木，清水涂饰工艺。用水曲柳微薄木与防火布两种不同饰面材料收口，护壁板上下压边。墙面下段是墙裙，与护壁板连在一起，做法基本相同。

思考与训练

简答题

1. 简述装饰施工图的组成。
2. 简述建筑装饰平面图表达的内容。
3. 简述建筑装饰立面图表达的内容。
4. 简述建筑装饰剖面图表达的内容。
5. 简述建筑装饰详图表达的内容。

项目1.3　建筑装饰工程造价

能力标准：

- 了解工程造价的含义。
- 掌握建筑装饰工程费用项目的组成。

1.3.1　建筑装饰工程造价概述

1) 工程造价的两种含义

第一种含义是指建设一项工程预期开支或实际开支的全部固定资产投资费用。第二种含义是指工程价格，即为建成某项工程，预计或实际在土地市场、设备市场、技术劳务市场以及承包市场等交易活动中所形成的建筑安装工程的价格和建设工程的总价格。通常情况下，人们将工程造价的第二种含义认定为工程承发包价格。

理解工程造价两种含义的意义在于，在工程建设项目的策划、评估决策、设计、施工到项目竣工验收等阶段应采用科学的计算方法和切实的计价依据，合理确定工程造价，为实现不同的管理目标服务，以提高建设项目的投资效益和建筑安装企业经营效果。

2) 工程造价的分类及作用

依据工程建设程序，工程造价文件的编制应和工程建设阶段性工作深度相适应，一般分为投资估算、设计概算、修正概算、施工图预算、施工预算、工程结算和竣工决算等。

(1) 投资估算。投资估算是指在项目建议书和可行性研究阶段通过编制估算文件测算确定的工程造价。投资估算是建设项目进行决策、筹集资金和合理控制造价的主要依据。

(2) 设计概算。设计概算是指在初步设计阶段，根据设计意图，通过编制工程概算文

件测算确定的工程造价。与投资估算造价相比，设计概算造价的准确性有所提高，但受投资估算造价的控制。

(3) 修正概算。修正概算是指在技术设计阶段，根据技术设计的要求，通过编制修正概算文件测算确定的工程造价。修正概算是对初步设计阶段的概算造价的修正和调整，比设计概算造价准确，但受设计概算造价的控制。通常情况下，设计概算和修正概算合称为扩大的设计概算。

(4) 施工图预算。施工图预算是指在施工图设计阶段，根据施工图纸，通过编制预算文件确定的工程造价。它比设计概算造价或修正概算造价更为详尽和准确，但同样要受前一阶段工程造价的控制。施工图预算是施工单位和建设单位签订承包合同和办理工程结算的依据，也是施工单位编制计划、实行经济核算和考核经营成果的依据。施工图预算是编制标底的依据，是投标报价的参考。

(5) 施工预算。施工预算是施工单位在施工图预算的控制下，依据施工图纸和施工定额以及施工组织设计编制的单位工程(或分部分项工程)施工所需的人工、材料和施工机械台班数量而确定的工程造价，是施工企业的内部文件。施工预算确定的是工程计划成本。

(6) 工程结算。工程结算是指承包双方根据合同约定，对合同工程在实施中、终止时、已完工后进行的合同价款计算、调整和确认，包括阶段结算、终止结算、竣工结算。

(7) 竣工决算。竣工决算是指工程竣工决算阶段，以实物数量和货币指标为计量单位，综合反映竣工项目从筹建开始到项目竣工交付使用为止的全部建设费用。竣工决算是由建设单位编制的反映建设项目实际造价和投资效果的文件。

1.3.2 建筑装饰工程费用项目的组成

根据住房城乡建设部、财政部颁布的《关于印发“建筑安装工程费用项目组成”的通知》(建标〔2013〕44 号)，我国现行建筑安装工程费用项目按两种不同的方式划分，即按费用构成要素划分和按造价形成顺序划分。

1. 按照费用构成要素划分

建筑装饰工程费按照费用构成要素划分，可分为人工费、材料费(包含工程设备，下同)、施工机具使用费、企业管理费、利润、规费和税金。其中，人工费、材料费、施工机具使用费、企业管理费和利润包含在分部分项工程费、措施项目费和其他项目费中。

1) 人工费

人工费是指按工资总额构成规定，支付给从事建筑安装工程施工的生产工人和附属生产单位工人的各项费用，主要包括计时工资或计件工资、奖金、津贴补贴、加班加点工资以及特殊情况下支付的工资。

(1) 计时工资或计件工资，是指按计时工资标准和工作时间或对已做工作按计件单价支付给个人的劳动报酬。

(2) 奖金，是指对超额劳动和增收节支支付给个人的劳动报酬，如节约奖、劳动竞赛奖等。

(3) 津贴补贴，是指为了补偿职工特殊或额外的劳动消耗和因其他特殊原因支付给个人的津贴，以及为了保证职工工资水平不受物价影响支付给个人的物价补贴，如流动施工津贴、特殊地区施工津贴、高温(寒)作业临时津贴、高空津贴等。

(4) 加班加点工资，是指按规定支付的在法定节假日工作的加班工资和在法定日工作时间外延时工作的加点工资。

(5) 特殊情况下支付的工资，是指根据国家法律、法规和政策规定，因病、工伤、产假、计划生育假、婚丧假、事假、探亲假、定期休假、停工学习、执行国家或社会义务等原因按计时工资标准或计件工资标准的一定比例支付的工资。

2) 材料费

材料费是指施工过程中耗费的原材料、辅助材料、构配件、零件、半成品或成品、工程设备的费用，主要包括以下几个方面的内容。

(1) 材料原价，是指材料、工程设备的出厂价格或商家供应价格。

(2) 运杂费，是指材料、工程设备自来源地运至工地仓库或指定堆放地点所发生的全部费用。

(3) 运输损耗费，是指材料在运输装卸过程中不可避免的损耗。

(4) 采购及保管费，是指为组织采购、供应和保管材料、工程设备的过程中所需要的各项费用，包括采购费、仓储费、工地保管费、仓储损耗。

3) 施工机具使用费

施工机具使用费是指施工作业所发生的施工机械、仪器仪表使用费或其租赁费。

(1) 施工机械使用费，是以施工机械台班耗用量乘以施工机械台班单价表示，施工机械台班单价应由下列七项费用组成。

① 折旧费，是指施工机械在规定的耐用台班内，陆续收回其原值的费用。

② 检修费，是指施工机械在规定的耐用台班内，按规定检修间隔进行必要的检修，以恢复其正常功能所需的费用。

③ 维护费，是指施工机械在规定的耐用台班内，按规定检修间隔进行各级维护和临时故障排除所需的费用、保障机械正常运转所需替换设备与随机配备工具附具的摊销和维护费用、机械运转及日常保养所需润滑与擦拭的材料费用及机械停滞期间的维护费用等。

④ 安拆费及场外运费。安拆费指施工机械(大型机械除外)在现场进行安装与拆卸所需的人工、材料、机械和试运转费用以及机械辅助设施的折旧、搭设、拆除等费用；场外运费指中、小型施工机械整体或分体自停放地点运至施工现场或由一施工地点运至另一施工地点的运输、装卸、辅助材料及架线等费用。

⑤ 人工费，是指机上司机(司炉)和其他操作人员的人工费。

⑥ 燃料动力费，是指施工机械在运转作业中所消耗的各种燃料及水、电等。

⑦ 其他费，是指施工机械按照国家规定应缴纳的车船使用税、保险费及年检费等。

(2) 仪器仪表使用费，是指工程施工所需使用仪器仪表的摊销及维修费用。

4) 企业管理费

企业管理费是指建筑安装企业组织施工生产和经营管理所需的费用，包括以下几个方面的内容。

(1) 管理人员工资，是指按规定支付给管理人员的计时工资、奖金、津贴补贴、加班加点工资及特殊情况下支付的工资等。

(2) 办公费，是指企业管理办公用的文具、纸张、账表、印刷、邮电、书报、办公软件、现场监控、会议、水电、烧水和集体取暖降温(包括现场临时宿舍取暖降温)等费用。

(3) 差旅交通费，是指职工因公出差、调动工作的差旅费、住勤补助费，市内交通费和误餐补助费，职工探亲路费，劳动力招募费，职工退休、退职一次性路费，工伤人员就医路费，工地转移费以及管理部门使用的交通工具的油料、燃料等费用。

(4) 固定资产使用费，是指管理和试验部门及附属生产单位使用的属于固定资产的房屋、设备、仪器等的折旧、大修、维修或租赁费。

(5) 工具用具使用费，是指企业施工生产和管理使用的不属于固定资产的工具、器具、家具、交通工具和检验、试验、测绘、消防用具等的购置、维修和摊销费。

(6) 劳动保险和职工福利费，是指由企业支付的职工退职金、按规定支付给离休干部的经费，集体福利费、夏季防暑降温和冬季取暖补贴、上下班交通补贴等。

(7) 劳动保护费，是指企业按规定发放的劳动保护用品的支出，如工作服、手套、防暑降温饮料以及在有碍身体健康的环境中施工的保健费用等。

(8) 工会经费，是指企业按《中华人民共和国工会法》规定的全部职工工资总额比例计提的工会经费。

(9) 职工教育经费，是指按职工工资总额的规定比例计提，企业为职工进行专业技术和职业技能培训，专业技术人员继续教育、职工职业技能鉴定、职业资格认定以及根据需要对职工进行各类文化教育所发生的费用。

(10) 财产保险费，是指施工管理用财产、车辆等的保险费用。

(11) 财务费，是指企业为施工生产筹集资金或提供预付款担保、履约担保、职工工资支付担保等所发生的各种费用。

(12) 税金，是指企业按规定缴纳的房产税、车船使用税、土地使用税、印花税。

(13) 其他，包括技术转让费、技术开发费、投标费、业务招待费、绿化费、广告费、公证费、法律顾问费、审计费、咨询费、保险费等。

5) 利润

利润是指施工企业完成所承包工程获得的盈利。

6) 规费

规费是指根据国家法律、法规规定，由省级政府和省级有关权力部门规定必须缴纳或计取的费用，包括以下几个方面的内容。

(1) 社会保险费。

① 养老保险费，是指企业按照规定标准为职工缴纳的基本养老保险费。

② 工伤保险费，是指企业按照规定标准为职工缴纳的工伤保险费。

③ 医疗保险费，是指企业按照规定标准为职工缴纳的基本医疗保险费。

④ 生育保险费，是指企业按照规定标准为职工缴纳的生育保险费。

⑤ 失业保险费，是指企业按照规定标准为职工缴纳的失业保险费。

(2) 住房公积金，是指企业按规定标准为职工缴纳的住房公积金。

7) 税金

建筑安装工程费中的增值税按税前造价乘以增值税税率确定。

根据《建设工程工程量清单计价规范》(GB 50500—2013)(后面简称《计价规范》)规定，安全文明施工费、规费和税金不得作为竞争性费用。

2. 按照工程造价形成顺序划分

建筑装饰工程费按照工程造价形成顺序，可分为分部分项工程费、措施项目费、其他项目费、规费、税金。

1) 分部分项工程费

分部分项工程费是指各专业工程的分部分项工程应列支的各项费用，包括发生的人工费、材料费、施工机具使用费、企业管理费、利润和一般风险费。

一般风险费是指工程施工期间因停水、停电，材料设备供应，材料代用等不可预见的一般风险因素影响正常施工而又不便计算的损失费用。内容包括：一个月内临时停水、停电在工作时间 16h 以内的停工、窝工损失；建设单位供应材料设备不及时，造成的停工、窝工每月在 8h 以内的损失；材料的理论质量与实际质量的差；材料代用，但不包括建筑材料中钢材的代用。

2) 措施项目费

措施项目费是指建筑安装工程施工前和施工过程中发生的技术、生活、安全、环境保护等费用，包括人工费、材料费、施工机具使用费、企业管理费、利润和一般风险费。

措施项目费分为施工技术措施项目费与施工组织措施项目费。

(1) 施工技术措施项目费包括以下几项。

① 特大型施工机械设备进出场及安拆费：进出场费是指特、大型施工机械整体或分体自停放地点运至施工现场或由一施工地点运至另一施工地点的运输、装卸、辅助材料、回程等费用；安拆费是指特、大型施工机械在现场进行安装与拆卸所需的人工材料、机械和试运转费用以及机械辅助设施的折旧、搭设、拆除等费用。

② 脚手架费：是指施工需要的各种脚手架搭设、运输费用以及脚手架购置费的摊销或租赁费用。

③ 混凝土模板及支架费：是指混凝土施工过程中需要的各种模板和支架等的支、拆、运输费用以及模板、支架的摊销或租赁费用。

④ 施工排水及降水费：是指为确保工程在正常条件下施工，采取各种排水、降水措施所发生的各种费用。

⑤ 其他技术措施费：是指除上述措施项目外，各专业工程根据工程特征所采用的施工项目费用，具体项目见表 1-3。

表 1-3 其他技术措施

专业工程	施工技术项目
房屋建筑与装饰工程	垂直运输、超高施工增加
仿古建筑工程	垂直运输
通用安装工程	垂直运输、超高施工增加、组装平台、抱(拔)杆、防护棚、胎(模)具、充气保护
市政工程	围堰、便道及便桥、洞内临时设施、构件运输
园林绿化工程	树木支撑架、草绳绕树干、搭设遮阴(防寒)、围堰
构筑物工程	垂直运输
城市轨道交通工程	围堰、便道及便桥、洞内临时设施、构件运输
爆破工程	爆破安全措施项目

注：表内未列明的施工技术措施项目，可根据各专业工程实际情况增加。

(2) 施工组织措施项目费包括以下几项。

① 组织措施费。

a. 夜间施工增加费：是指因夜间施工所发生的夜班补助费，夜间施工降效、夜间施工照明设备摊销及照明用电等费用。

b. 二次搬运费：是指因施工场地条件限制而发生的材料、构配件、半成品等一次运输不能到达堆放地点，必须进行二次或多次搬运所发生的费用。

c. 冬雨季施工增加费：是指在冬季或雨季施工需增加的临时设施、防滑、排除雨雪，人工及施工机械效率降低等费用。

d. 已完工程及设备保护费：是指竣工验收前，对已完工程及设备采取的必要保护措施所发生的费用。

e. 工程定位复测费：是指工程施工过程中进行全部施工测量放线、复测费用。

② 安全文明施工费。

a. 环境保护费：是指施工现场为达到环保部门要求所需要的各项费用。

b. 文明施工费：是指施工现场文明施工所需要的各项费用。

c. 安全施工费：是指施工现场安全施工所需要的各项费用。

d. 临时设施费：是指施工企业为进行建设工程施工所必须搭设的生活和生产用的临时建筑物、构筑物和其他临时设施费用，包括临时设施的搭设、维修拆除、清理和摊销费等。

③ 建设工程竣工档案编制费：是指施工企业根据建设工程档案管理的有关规定，在建设工程施工过程中收集、整理、制作、装订、归档具有保存价值的文字、图纸、图表、声像、电子文件等各种建设工程档案资料所发生的费用。

④ 住宅工程质量分户验收费：是指施工企业根据住宅工程质量分户验收规定，进行住

宅工程分户验收工作发生的人工、材料、检测工具、档案资料等费用。

3) 其他项目费

其他项目费是指暂列金额、暂估价、计日工和总承包服务费组成的其他项目费用，包括人工费、材料费、施工机具使用费、企业管理费、利润和一般风险费。

(1) 暂列金额：是指招标人在工程量清单中暂定并包括在工程合同价款中的一笔款项。用于施工合同签订时尚未确定或者不可预见的所需材料、工程设备、服务的采购，施工中可能发生的工程变更、合同约定调整因素出现时的工程价款调整以及发生的索赔、现场签证确认等的费用。

(2) 计日工：是指在施工过程中，承包人完成发包人提出的施工图纸以外的零星项目或工作，按合同约定计算所需的费用。

(3) 总承包服务费：是指总承包人为配合协调发包人进行的专业工程发包，同期施工时提供必要的简易架料、垂直吊运和水电接驳、竣工资料汇总整理等服务所需的费用。

4) 规费和税金

规费和税金的定义与按费用构成要素划分的规费和税金的定义是相同的。

思考与训练

一、单项选择题

1. 下列不属于材料保管费用的是(　　)。

A. 采购费　　B. 仓储费

C. 保管费　　D. 运输损耗费

2. 在工程计价中，下列项目中不可竞争的费用是(　　)。

A. 分部分项工程费用　　B. 计日工单价

C. 规费和税金　　D. 措施项目综合单价

3. 下列费用不属于人工工资单价组成的是(　　)。

A. 基本工资　　B. 辅助工资

C. 津贴　　D. 劳动保护费

二、多项选择题

1. 安全文明施工费主要包括(　　)。

A. 环境保护费　　B. 文明施工费

C. 安全施工费　　D. 企业管理费

E. 临时设施费

2. 措施项目主要包括(　　)。

A. 二次搬运费　　B. 文明施工费

C. 安全施工费　　D. 企业管理费

E. 临时设施费

3. 社会保险主要包括(　　)。

A. 住房公积金　　B. 失业保险费

C. 工伤保险　　D. 医疗保险

E. 工程排污费

项目 1.4　建筑装饰工程计价方法

能力标准：

- 了解工程计价的含义。
- 了解建筑装饰工程计价标准和依据。
- 理解建筑装饰工程分部组合原理。
- 掌握建筑装饰工程计价基本程序。

1.4.1　建筑装饰工程计价的基本原理

1. 工程计价的含义

工程计价是指按照法律、法规和标准规定的程序、方法和依据，对工程项目实施建设各个阶段的工程造价及其构成内容进行预测和确定的行为。工程计价依据是指在工程计价活动中，所要依据的与计价内容、计价方法和价格标准相关的工程计量计价标准、工程计价定额及工程造价信息等。

工程计价的含义可从以下 3 个方面进行解释。

1) 工程计价是工程价值的货币形式

工程计价是指按照规定计算程序和方法，用货币的数量表示建设项目(包括拟建、在建和已建的项目)的价值。工程计价是自下而上的分部组合计价，建设项目兼具单件性与多样性的特点，每个建设项目都需要按业主的特定需求进行单独设计、单独施工，不能批量生产和按整个项目确定价格，只能将整个项目进行分解，划分为可以按有关技术参数测算价格的基本构造要素(或称分部、分项工程)，并计算出基本构造要素的费用。

2) 工程计价是投资控制的依据

投资计划按照建设工期、工程进度和建设价格等逐年分月制定，正确的投资计划有助于合理、有效地使用资金。工程计价的每一次估算对下一次估算都是严格控制的。具体来说，后次估算不能超过前次估算的幅度。这种控制是在投资者财务能力限度内为取得既定的投资效益所必需的。工程计价基本确定了建设资金的需要量，从而为筹集资金提供了比较准确的依据。当建设资金来源于金融机构的贷款时，金融机构在对项目的偿贷能力进行评估的基础上，也需要依据工程计价来确定给予投资者的贷款数额。

3) 工程计价是合同价款管理的基础

合同价款是业主依据承包商按图样完成的工程量在历次支付过程中应支付给承包商的

款额，是发包人确认后按合同约定的计算方法确定形成的合同约定金额、变更金额、调整金额、索赔金额等各工程款额的总和。合同价款管理的各项内容中始终有工程计价的存在；在签约合同价的形成过程中有招标控制价、投标报价以及签约合同价等计价活动；在工程价款的调整过程中，需要确定调整价款额度，工程计价也贯穿其中；工程价款的支付仍然需要工程计价工作，以确定最终的支付额。

2. 分部组合原理

如果建设项目的设计方案已经确定，常用的是分部组合计价法来对工程项目的工程造价及其构成内容进行预测和确定。任何一个建设项目都可以分解为一个或几个单项工程，任何一个单项工程是由一个或几个单位工程所组成。单位工程可以按照结构部位、路段长度及施工特点或施工任务分解为分部工程。分解成分部工程后，从工程计价的角度，还需要把分部工程按照不同的施工方法、材料、工序及路段长度等，加以更为细致的分解，划分为更简单、细小的部分，即分项工程。按照计价需要，将分项工程进一步分解或适当组合，就可以得到基本构造单元了。

工程造价计价的主要思路就是将建设项目细分至最基本的构造单元，找到适当的计量单位及当时当地的单价，就可以采取一定的计价方法进行分部组合汇总，计算出相应的工程造价。工程计价的基本原理就在于项目的分解与组合。

工程计价的基本原理可以用公式的形式表达如下：

$$\text{分部分项工程费(或措施项目费)}=\sum[\text{基本构造单元工程量(定额项目或清单项目)}\times\text{相应单价}]$$

工程造价的计价可分为工程计量和工程计价两个环节。

1) 工程计量

工程计量工作包括工程项目的划分和工程量的计算。

(1) 单位工程基本构造单元的确定，即划分工程项目。编制工程概算、预算时，主要是按工程定额进行项目划分；编制工程量清单时主要是按照清单项目进行划分。

(2) 工程量的计算就是按照工程项目的划分和工程量计算规则，就不同的设计文件对工程实物量进行计算。工程实物量是计价的基础，不同的计价依据有不同的计算规则。目前，工程量计算规则包括以下两大类。

① 各类工程定额规定的计算规则。

② 各专业工程量计算规范附录中规定的计算规则。

2) 工程计价

工程计价包括工程单价的确定和工程总价的计算。

(1) 工程单价。

工程单价是指完成单位工程基本构成单元的工程量所需要的基本费用，包括工料单价和综合单价。

① 工料单价仅包括人工、材料、机具使用费，是各种人工消耗量、各种材料消耗量、各类施工机具台班消耗量与其相应单价的乘积。用下列公式表示，即

$$工料单价=\sum(人、材、机消耗量\times人、材、机单价)$$

其中：

a. 人工工日消耗量。人工工日消耗量是指在正常施工生产条件下，完成规定计量单位的建筑安装产品所消耗的生产工人的工日数量。它由分项工程所综合的各个工序劳动定额包括的基本用工和其他用工两部分组成。

b. 人工日工资单价。人工日工资单价是指直接从事建筑安装工程施工的生产工人在每个法定工作日的工资、津贴及奖金等。

c. 材料消耗量。材料消耗量是指在正常施工生产条件下，完成规定计量单位的建筑安装产品所消耗的各类材料的净用量和不可避免的损耗量。

d. 材料单价。材料单价是指建筑材料从其来源地运到施工工地仓库直至出库形成的综合平均单价，由材料原价、运杂费、运输损耗费、采购及保管费组成。当一般纳税人不用一般计税方法时，材料单价中的材料原价、运杂费等均应扣除增值税进项税额。

② 综合单价。综合单价除包括人工、材料、机具使用费外，还包括可能分摊在单位工程基本构造单元的费用。根据我国现行有关规定，又可以分成清单综合单价和全费用综合单价两种。

清单综合单价中除包括人工、材料、机具使用费外，还包括企业管理费、利润和风险因素。

全费用综合单价中除包括人工、材料、机具使用费外，还包括企业管理费、利润、规费和税金。

综合单价根据国家、地区、行业定额或企业定额消耗量和相应生产要素的市场价格，以及定额或市场的取费费率来确定。

(2) 工程总价。

工程总价是指经过规定的程序或办法逐级汇总形成的相应工程造价。根据采用的单价内容和计算程序不同，分为工料单价法和综合单价法。

① 工料单价法。工料单价法是指首先依据相应计价定额的工程量计算规则计算项目的工程量，然后依据定额的人、材、机要素消耗量和单价，计算各个项目的直接费，然后再计算直接费合价，最后再按照相应的取费程序计算其他各项费用，汇总后形成相应工程造价。

② 综合单价法。综合单价法是指若采用全费用综合单价(完全综合单价)，首先依据相应工程量计算规范规定的工程量计算规则计算工程量，并依据相应的计价依据确定综合单价，然后用工程量乘以综合单价，并汇总即可得出分部分项工程费(以及措施项目费)，最后再按相应的办法计算其他项目费，汇总后形成相应工程造价。我国现行的《建设工程工程量清单计价规范》(GB 50500—2013)中规定的清单综合单价属于非完全综合单价，当把规费和税金计入非完全综合单价后即形成完全综合单价。

1.4.2 建筑装饰工程计价的依据

我国的工程造价管理体系可划分为工程造价管理的相关法律法规体系、工程造价管理标准体系、工程计价定额体系和工程计价信息体系 4 个主要部分。法律法规是实施工程造

价管理的制度依据和重要前提；工程造价管理的标准是在法律法规要求下，规范工程造价管理的技术要求；工程计价定额是进行工程计价工作的重要基础和核心内容；工程计价信息是市场经济体制下，准确反映工程价格的重要支撑，也是政府进行公共服务的重要内容。从工程造价管理体系的总体架构看，前两项工程造价管理的相关法律法规体系、工程造价管理的标准体系属于工程造价宏观管理的范畴，后两项工程计价定额体系、工程计价信息体系主要用的是工程计价，属于工程造价微观管理的范畴。工程造价管理体系中的工程造价管理的标准体系、工程计价定额体系和工程计价信息体系是当前我国工程造价管理机构最主要的工作，也是工程计价的主要依据，一般也将这三项称为工程计价依据体系。

1. 工程造价管理标准

工程造价管理标准泛指除应以法律、法规进行管理和规范的内容外，还应以国家标准、行业标准进行规范的工程管理和工程造价咨询、行为、质量的有关技术内容。工程造价管理的标准体系按管理性质可分为：统一工程造价管理的基本术语，费用构成等的基础标准；规范工程造价管理行为、项目划分和工程量计算规则等管理性规范；规范各类工程造价成果文件编制的业务操作规程；规范工程造价咨询质量和档案质量的标准；规范工程造价指数发布及信息交换的信息标准等。

(1) 基础标准，包括《工程造价术语标准》(GB/T 50875—2013)、《建设工程计价设备材料划分标准》(GB/T 50531—2009)等，此外，我国目前还没有统一的建设工程造价费用构成标准，而这一标准的制定应是规范工程计价最重要的基础工作。

(2) 管理规范，包括《建设工程工程量清单计价规范》(GB 50500—2013)、《建设工程造价咨询规范》(GB/T 51095—2015)，《建设工程造价鉴定规范》(GB/T 51262—2017)、《建筑工程建筑面积计算规范》(GB/T 50353—2013)以及不同专业的建设工程工程量计算规范等，建设工程工程量计算规范由《房屋建筑与装饰工程工程量计算规范》(GB 50854—2013)、《仿古建筑工程工程量计算规范》(GB 50855—2013)、《通用安装工程工程量计算规范》(GB 50856—2013)、《市政工程工程量计算规范》(GB 50857—2013)、《园林绿化工程工程量计算规范》(GB 50858—2013)、《矿山工程工程量计算规范》(GB 50859—2013)、《构筑物工程工程量计算规范》(GB 50860—2013)、《城市轨道交通工程工程量计算规范》(GB 50861—2013)、《爆破工程工程量计算规范》(GB 50862—2013)组成，同时也包括各专业部委发布的各类清单计价、工程量计算规范。

(3) 操作规程。主要包括中国建设工程造价管理协会陆续发布的各类成果文件编审的操作规程：《建设项目投资估算编审规程》(CECA/GC-1)、《建设项目设计概算编审规程》(CECA/GC-2)、《建设项目施工图预算编审规程》(CECA/GC-5)、《建设项目工程结算编审规程》(CECA/GC-3)、《建设项目工程竣工决算编制规程》(CECA/GC-9)、《建设工程招标控制价编审规程》(CECA/GC-6)、《建设工程造价鉴定规程》(CECA/GC-8)、《建设项目全过程造价咨询规程》(CECA/GC-4)。其中《建设项目全过程造价咨询规程》(CECA/GC-4)是我国最早发布的涉及建设项目全过程工程咨询的标准之一。

(4) 质量管理标准。主要包括《建设工程造价咨询成果文件质量标准》(CECA/GC-7)，该标准编制的目的是对工程造价咨询成果文件和过程文件的组成、表现形式、质量管理要素、成果质量标准等进行规范。

(5) 信息管理规范。主要包括《建设工程人工材料设备机械数据标准》(GB/T 50851—2013)和《建设工程造价指标指数分类与测算标准》(GB/T 51290—2018)等。

2. 工程定额

工程定额主要指国家、地方或行业主管部门制定的各种定额，包括工程消耗量定额和工程计价定额等。工程消耗量定额主要是指完成规定计量单位的合格建筑安装产品所消耗的人工、材料、施工机具台班的数量标准。工程计价定额是指直接用于工程计价的定额或指标，包括预算定额、概算定额、概算指标和投资估算指标。

3. 工程计价信息

工程计价信息是指工程造价管理机构发布的建设工程人工、材料、工程设备、施工机具的价格信息，以及各类工程的造价指数、指标等。

1.4.3　建筑装饰工程计价的基本程序

建筑装饰工程计价基本程序的计价程序主要包括工程概预算编制的基本程序和工程量清单计价的基本程序。

1. 工程概预算编制的基本程序

工程概预算编制是通过国家、地方或行业主管部门颁布统一的计价定额或指标，对建筑产品价格进行计价的活动。如果用工料单价法进行概预算编制，则应按概算定额或预算定额规定的定额子目，逐项计算工程量，套用概预算定额单价(或单位估价表)确定直接费，然后按规定的取费标准确定间接费(包括企业管理费、规费)，再计算利润和税金，经汇总后即为工程概预算价值。工程概预算编制的基本程序如图 1-7 所示。

工程概预算单位价格的形成过程，就是依据概预算定额所确定的消耗量乘以定额单价或市场价，经过不同层次的计算形成相应造价的过程。可以用公式进一步明确工程概预算编制的基本方法和程序。

$$\text{每一计量单位建筑产品的基本构造单元(假定建筑安装产品)的工料单价} \\ =\text{人工费}+\text{材料费}+\text{施工机具使用费} \tag{1-1}$$

式中：

$$\text{人工费}=\sum(\text{人工工日数量}\times\text{人工单价}) \tag{1-2}$$

$$\text{材料费}=\sum(\text{材料消耗量}\times\text{材料单价})+\text{工程设备费} \tag{1-3}$$

$$\text{施工机具使用费}=\sum(\text{施工机械台班消耗量}\times\text{机械台班单价})+\sum(\text{仪器仪表台班消耗量}\times\text{仪器仪表台班单价}) \tag{1-4}$$

$$\text{单位工程直接费}=\sum(\text{假定建筑安装产品工程量}\times\text{工料单价}) \tag{1-5}$$

$$\text{单位工程概预算造价}=\text{单位工程直接费}+\text{间接费}+\text{利润}+\text{税金} \tag{1-6}$$

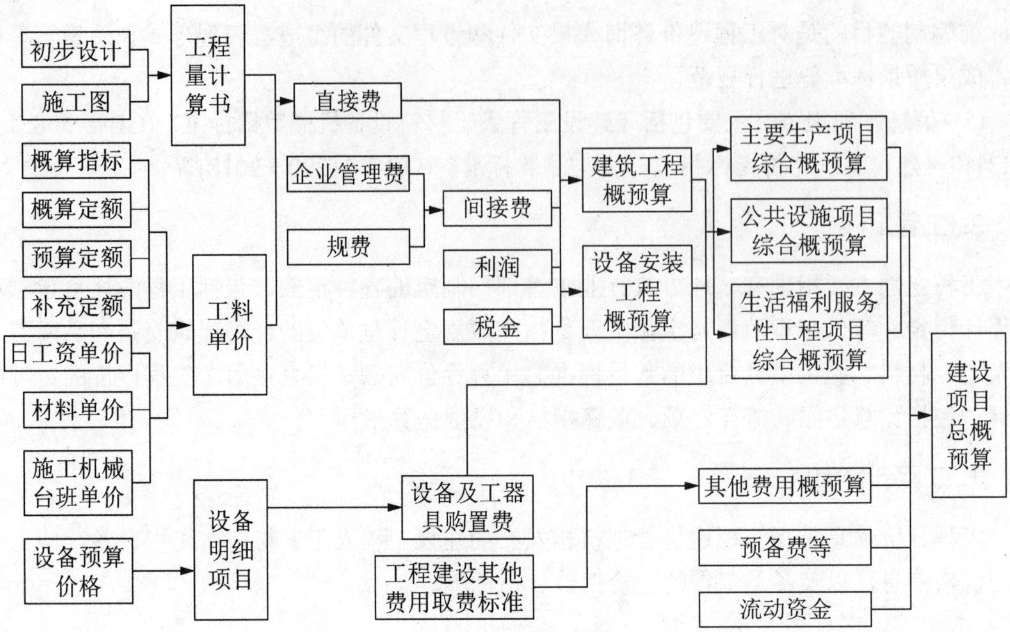

初步设计
施工图
工程量计算书
直接费
概算指标
概算定额
预算定额
补充定额
日工资单价
材料单价
施工机械台班单价
工料单价
企业管理费
规费
间接费
利润
税金
建筑工程概预算
设备安装工程概预算
主要生产项目综合概预算
公共设施项目综合概预算
生活福利服务性工程项目综合概预算
建设项目总概预算
设备预算价格
设备明细项目
设备及工器具购置费
工程建设其他费用取费标准
其他费用概预算
预备费等
流动资金

图 1-7　工料单价法下工程概预算编制的基本程序

$$单项工程概预算造价=\sum单位工程概预算造价+设备、工器具购置费 \tag{1-7}$$

$$建设项目全部工程概预算造价=\sum单项工程概预算造价+预备费+工程建设其他费用+建设期利息+流动资金 \tag{1-8}$$

若采用全费用综合单价法进行概预算编制，单位工程概预算的编制程序将更加简单，只需将概算定额或预算定额规定的定额子目的工程量乘以各子目的全费用综合单价汇总而成即可，然后可以用上述式(1-7)和式(1-8)计算单项工程概预算造价以及建设项目全部工程概预算造价。

2. 工程量清单计价的基本程序

工程量清单计价的基本原理可以描述为：按照工程量清单计价规范规定，在各相应专业工程工程量计算规范规定的工程量清单项目设置和工程量计算规则基础上，针对具体工程的施工图纸和施工组织设计计算出各个清单项目的工程量，根据规定的方法计算出综合单价，并汇总各清单合价得出工程总价。可以用公式进一步明确工程量清单计价的基本方法和程序。

$$分部分项工程费=\sum分部分项工程量\times相应分部分项工程综合单价 \tag{1-9}$$

$$措施项目费=\sum单价措施项目工程量\times相应措施项目综合单价+\sum总价项目措施 \tag{1-10}$$

$$其他项目费=暂列金额+暂估价+计日工+总承包服务费 \tag{1-11}$$

$$单位工程报价=分部分项工程费+措施项目费+其他项目费+规费+税金 \tag{1-12}$$

$$单项工程报价=\sum单位工程报价 \tag{1-13}$$

$$建筑安装工程总造价=\sum单项工程报价 \tag{1-14}$$

工程量清单计价的过程可以分为两个阶段，即工程量清单的编制和工程量清单的应用，工程量清单的编制程序和应用程序分别如图 1-8 和图 1-9 所示。

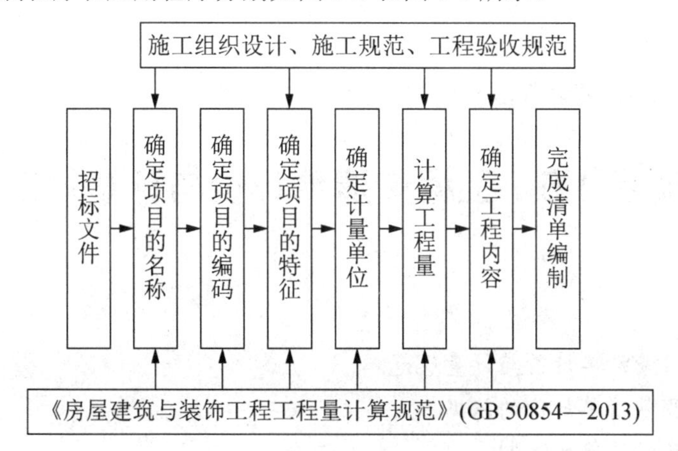

图 1-8　工程量清单的编制程序

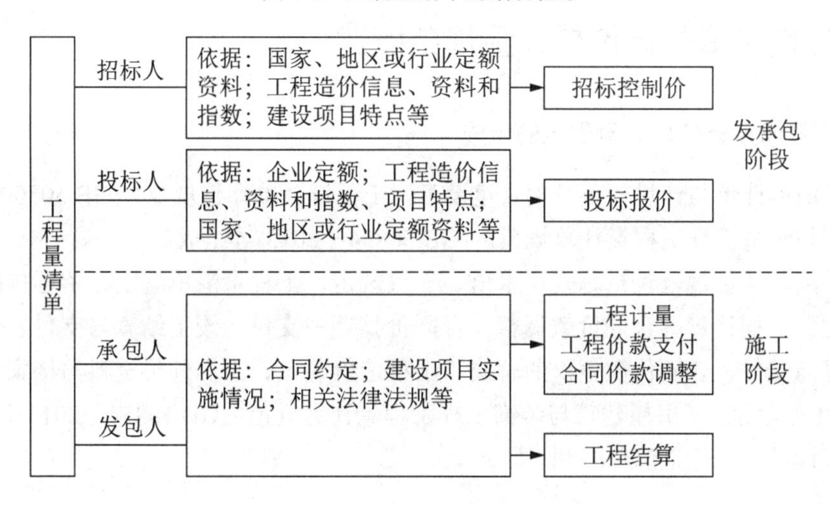

图 1-9　工程量清单的应用程序

思考与训练

一、多项选择题

1. 工程计价中采用工料单价法计算总价，工料单价包括(　　)。

A. 人工费　　B. 材料费
C. 机械台班费　　D. 企业管理费
E. 临时设施费

2. 工程计价中采用工程量清单计价，其中综合单价主要包括(　　)。

A. 措施项目费　　B. 材料费
C. 风险费用　　D. 企业管理费
E. 利润

二、简答题

1. 简述建筑装饰工程分部组合原理。
2. 简述建筑装饰工程计价基本程序。

项目 1.5 工程量清单计价与计量规范

能力标准：

- 了解工程量清单计价与计量规范。
- 了解工程量清单计价的依据。
- 掌握工程量清单的编制。

1.5.1 工程量清单计价与计量规范概述

1. 工程量清单计价与计量规范的组成

工程量清单计价与计量规范是由《建设工程工程量清单计价规范》(GB 50500—2013)、《房屋建筑与装饰工程工程量计算规范》(GB 50854—2013)等组成。

工程量清单计价规范包括总则、术语、一般规定、工程量清单编制、招标控制价、合同价款约定、工程计量、合同价款调整、合同价款期中支付、竣工结算与支付、合同解除和价款结算与支付、合同价款争议的解决、工程造价鉴定、工程计价资料与档案、工程计价表格及 11 个附录。《房屋建筑与装饰工程工程量计算规范》(GB 50854—2013)包括总则、术语、工程计量、工程量清单编制、附录。

2. 工程量计量规范中的术语

1) 工程量清单

工程量清单是指载明建设工程分部分项工程项目、措施项目、其他项目的名称和相应数量以及规费、税金项目等内容的明细清单。

2) 招标工程量清单

招标工程量清单是指招标人依据国家标准、招标文件、设计文件以及施工现场实际情况编制的，随招标文件发布供投标报价的工程量清单，包括其说明和表格。

3) 已标价工程量清单

已标价工程量清单是指构成合同文件组成部分的投标文件中已标明价格，经算术性错误修正(如有)且承包人已确认的工程量清单，包括其说明和表格。

4) 分部分项工程

分部工程是单项工程或单位工程的组成部分，是按结构部位、路段长度及施工特点或施工任务将单项工程或单位工程划分为若干分部的工程；分项工程是分部工程的组成部分，

是按不同施工方法、材料、工序及路段长度等将分部工程划分为若干个分项或项目的工程。

5) 措施项目

措施项目是指为完成工程项目施工，发生于该工程施工准备和施工过程中的技术、生活、安全、环境保护等方面的项目。

6) 项目编码

项目编码是指分部分项工程和措施项目清单名称的阿拉伯数字标识。

7) 项目特征

项目特征是指构成分部分项工程项目、措施项目自身价值的本质特征。

8) 综合单价

综合单价是指完成一个规定清单项目所需的人工费、材料费、施工机具使用费和企业管理费、利润以及一定范围内的风险费用。

9) 风险费用

风险费用是指隐含于已标价工程量清单综合单价中，用于化解发、承包双方在工程合同中约定内容和范围内的市场价格波动风险的费用。

10) 工程成本

工程成本是指承包人为实施合同工程并达到质量标准，在确保安全施工的前提下，必须消耗或使用的人工、材料、工程设备、施工机械台班及其管理等方面发生的费用和按规定缴纳的规费和税金。

11) 暂列金额

暂列金额是指招标人在工程量清单中暂定并包括在合同价款中的一笔款项，用于工程合同签订时尚未确定或者不可预见的所需材料工程设备服务的采购，施工中可能发生的工程变更、合同约定调整因素出现时的合同价款调整以及发生的索赔现场签证确认等的费用。

12) 暂估价

暂估价是指招标人在工程量清单中提供的用于支付必然发生但暂时不能确定价格的材料、工程设备的单价以及专业工程的金额。

13) 计日工

计日工是指在施工过程中，承包人完成发包人提出的工程合同范围以外的零星项目或工作，按合同中约定的单价计价的一种方式。

14) 总承包服务费

总承包服务费是指总承包人为配合协调发包人进行的专业工程发包，对发包人自行采购的材料、工程设备等进行保管以及施工现场管理、竣工资料汇总整理等服务所需的费用。

1.5.2 工程量清单计价概述

1. 工程量清单计价的概念

工程量清单计价是由国家颁发的《建设工程工程量清单计价规范》(GB 50500—2013)来规范的计价办法，具体是指在建设工程招投标过程中，由招标人按照国家统一的工程量

计算规则提供工程数量，由投标人依据工程量清单自主报价，并按照经评审后合理低价中标的工程造价的计价方法。

2. 工程量清单计价的特点

1) 工程量清单计价具有强制性

强制性是指按《建设工程工程量清单计价规范》(GB 50500—2013)进行计价活动时，规范中的强制性标准必须执行。

2) 工程量清单计价具有统一性

统一性是指清单实行4个“统一”，即统一项目编码、统一项目名称、统一计量单位、统一工程量计算规则。

3) 工程量清单计价具有竞争性

竞争性是指价格开放，即确定工程量清单计价的综合单价由企业根据自身定额和市场价格信息确定，将报价权交给企业，充分体现企业自主报价。

4) 工程量清单计价具有通用性

工程量清单计价采用综合单价法的特性与FIDIC(国际咨询工程师联合会)合同条件的单价合同的情况相符合，体现我国计价方式能较好地与国际通行做法接轨。

3. 工程量清单计价的适用范围

清单计价规范适用于建设工程发承包及其实施阶段的计价活动。使用国有资金投资的建设工程发承包，必须采用工程量清单计价；非国有资金投资的建设工程，宜采用工程量清单计价；不采用工程量清单计价的建设工程，应执行计价规范中除工程量清单等专门性规定外的其他规定。

必须采用工程量清单计价的国有资金投资的项目如下。

1) 国有资金投资的工程建设项目

国有资金投资的工程建设项目包括以下几种。

(1) 使用各级财政预算资金的项目。

(2) 使用纳入财政管理的各种政府性专项建设资金的项目。

(3) 使用国有企事业单位自有资金，并且国有资产投资者实际拥有控制权的项目。

2) 国家融资资金投资的工程建设项目

国家融资资金投资的工程建设项目包括以下几种。

(1) 使用国家发行债券所筹资金的项目。

(2) 使用国家对外借款或者担保所筹资金的项目。

(3) 使用国家政策性贷款的项目。

(4) 国家授权投资主体融资的项目。

(5) 国家特许的融资项目。

3) 国有资金(含国家融资资金)为主的工程建设项目

国有资金(含国家融资资金)为主的工程建设项目是指国有资金占投资总额50%以上，

或虽不足50%但国有投资者实质上拥有控股权的工程建设项目。

4. 工程量清单计价的依据

工程量清单计价的依据如下。

1) 工程量清单

工程量清单是招标人在招标文件中发布的工程招标工程量清单，是承包商投标报价的重要依据。承包商在计价时需全面了解清单项目特征及其所包含的工程内容，才能做到准确计价。

2) 招标文件

招标文件中具体规定了承发包工程范围、内容、期限、工程材料及设备采购供应办法，只有在计价时按规定进行，才能保证计价的有效性。

3) 施工图

施工图样清单工程量是分部分项工程量清单项目的主项工程量，不一定反映全部工程内容，所以承包商在投标限价时需要根据施工图和施工方案计算报价工程量(计价工程量)，因而施工图也是编制工程量清单报价的重要依据。

4) 施工组织设计

施工组织设计和施工方案是施工单位针对具体工程编制的施工作业的指导性文件，其中对施工技术措施、安全措施、施工机械配置、是否增加辅助项目等进行的详细设计，在计价过程中应予以重视。

5) 消耗量

定额消耗量有两种：一种是由建设行政主管部门发布的社会平均消耗量定额，如预算定额；另一种是反映企业平均先进水平的消耗量定额，即企业定额。企业定额是确定人工材料、机械台班消耗量的主要依据。

6) 综合单价

从单位工程造价的构成分析，不管是招标控制价的计价，还是投标报价的计价，抑或是其他环节的计价，只要采用工程量清单方式计价，都是以单位工程为对象进行计价的。单位工程造价是由分部分项工程费、措施项目费、其他项目费、规费和税金组成，而综合单价是计算以上费用的关键。

7) 《建设工程工程量清单计价规范》(GB 50500—2013)

《建设工程工程量清单计价规范》(GB 50500—2013)是工程量清单计价中计算措施项目费、其他项目费的依据。

1.5.3 工程量清单的编制

1. 工程量清单编制的原则

工程量清单应由有编制招标能力的招标人，或受其委托具有相应资质的工程造价咨询机构、招标代理机构依据有关计价办法、招标文件的有关要求、设计文件和施工现场实际

情况进行编制。其中，主要以编制分部分项工程量清单为例，介绍在工程量清单编制过程中应遵循的原则。

1) 项目编码统一

工程量清单的编码主要是指分部分项工程量清单的编码。《建设工程工程量清单计价规范》(GB 50500—2013)规定，分部分项工程量清单编码采用12位阿拉伯数字表示，前9位在计价规范附录中给定，为全国统一编码，不得变动。其中一、二位为附录顺序码，三、四位为专业工程顺序码，五、六位为分部工程顺序码，七至九位为分项工程项目名称顺序码，十至十二位为具体的清单项目名称顺序码，由清单编制人根据实际情况设置。

例如，在同一工程中，有大理石地面和花岗石地面，《建设工程工程量清单计价规范》(GB 50500—2013)中规定石材楼地面的编码为020102001，如果编制人将大理石地面的项目编码为020102001001，则花岗石地面的编码应为020102001002。

随着新材料、新技术、新工艺的产生，会有附录中未包括的项目出现，编制人可按相应的原则进行补充，补充项目应填写在工程量清单相应分部工程(节) 的项目之后，在相应"项目编码"栏内用"补"字示之。

2) 项目名称统一

分部分项工程量清单中的项目名称应根据《建设工程工程量清单计价规范》(GB 50500—2013)附录中的项目名称与项目特征并结合拟建工程的实际确定。

3) 计量单位统一

在编制工程量清单时，应与《建设工程工程量清单计价规范》(GB 50500—2013)中项目名称对应的计量单位相一致。

4) 工程量计算规则统一

在编制工程量清单时应按《建设工程工程量清单计价规范》(GB 50500—2013)中项目名称所对应的工程量计算规则进行计算。

2. 工程量清单的编制要求

1) 分部分项工程项目清单

分部分项工程是"分部工程"和"分项工程"的总称。"分部工程"是单位工程的组成部分，系按结构部位、路段长度及施工特点或施工任务将单位工程划分为若干分部工程。

分部分项工程项目清单必须载明项目编码、项目名称、项目特征、计量单位和工程量。分部分项工程项目清单必须根据各专业工程工程量计算规范规定的项目编码、项目名称、项目特征、计量单位和工程量计算规则进行编制，其格式如表1-4所示，在分部分项工程项目清单的编制过程中，由招标人负责前六项内容填列，"金额"部分在编制招标控制价或投标报价时填列。

(1) 项目编码。

项目编码是分部分项工程和措施项目清单名称的阿拉伯数字标识。清单项目编码以五级编码设置，用12位阿拉伯数字表示。一、二、三、四级编码为全国统一，即第1～9位应按工程量计算规范附录的规定设置；第五级即第10～12位为清单项目编码，应根据拟建工程的工程量清单项目名称设置，不得有重号，这三位清单项目编码由招标人针对招标工程项目具体编制，并应自 001 起顺序编制。

表 1-4 分部分项工程和单价措施项目清单与计价表

工程名称： 标段： 第 页 共 页

序号	项目编码	项目名称	项目特征	计量单位	工程量	金额		
						综合单价	合价	其中：暂估价

注：为计取规费等的使用，可在表中增设“定额人工费”。

各级编码代表的含义如下。

① 第一级编码表示专业工程代码(共两位)。

② 第二级编码表示附录分类顺序码(共两位)。

③ 第三级编码表示分部工程顺序码(共两位)。

④ 第四级编码表示分项工程项目名称顺序码(共三位)。

⑤ 第五级编码表示清单项目名称顺序码。

(2) 项目名称。

分部分项工程项目清单的“项目名称”为分项工程项目名称，应按各专业工程量计算规范附录的项目名称结合拟建工程的实际确定。在编制分部分项工程项目清单时，清单项目名称应表达详细、准确，各专业工程量计算规范中的分项工程项目名称如有缺陷，招标人可作补充，并报当地工程造价管理机构(省级)备案。

(3) 项目特征。

项目特征是构成分部分项工程项目、措施项目自身价值的本质特征。项目特征是对项目的准确描述，是确定一个清单项目综合单价不可缺少的重要依据，是区分清单项目的依据，是履行合同义务的基础。分部分项工程项目清单的项目特征应按各专业工程工程量计算规范附录中规定的项目特征，结合技术规范、标准图集、施工图纸，按照工程结构、使用材质及规格或安装位置等，予以详细而准确的表述和说明。凡项目特征中未描述到的其他独有特征，由清单编制人视项目具体情况确定，以准确描述清单项目为准。

在各专业工程工程量计算规范附录中还有关于各清单项目“工程内容”的描述。工程内容是指完成清单项目可能发生的具体工作和操作程序，但应注意的是，在编制分部分项工程项目清单时，工程内容通常无须描述，因为在工程量计算规范中，工程量清单项目与工程量计算规则、工程内容有一一对应关系，当采用工程量计算规范这一标准时，工程内容有规定。

(4) 计量单位。

计量单位应采用基本单位：除各专业另有特殊规定外均按以下单位计量。

① 以重量计算的项目：吨或千克(t 或 kg)。

② 以体积计算的项目：立方米(m^3)。

③ 以面积计算的项目：平方米(m^2)。

④ 以长度计算的项目：米(m)。

⑤ 以自然计量单位计算的项目：个、套、块、樘、组等。

⑥ 没有具体数量的项目：宗、项等。

各专业有特殊计量单位的，再另外加以说明，当计量单位有两个或两个以上时，应根据所编工程量清单项目的特征要求，选择最适宜表现该项目特征并方便计量的单位。

例如，门窗工程计量单位为“樘、m^2”两个计量单位，实际工作中，就应选择最适宜、最方便计量和组价的单位来表示。

计量单位的有效位数应遵守下列规定。

① 以“t”为单位，应保留3位小数，第四位小数四舍五入。

② 以“m^3”“m^2”“m”“kg”为单位，应保留两位小数，第三位小数四舍五入。

③ 以“个”“项”等为单位，应取整数。

(5) 工程量的计算。

工程量主要通过工程量计算规则计算得到。工程量计算规则是指对清单项目工程量计算的规定。除另有说明外，所有清单项目的工程量应以实体工程量为准，并以完成后的净值计算；投标人投标报价时，应在单价中考虑施工中的各种损耗和需要增加的工程量。

根据工程量清单计价与工程量计算规范的规定，工程量计算规则可以分为房屋建筑与装饰工程、仿古建筑工程、通用安装工程、市政工程、园林绿化工程、构筑物工程、矿山工程、城市轨道交通工程和爆破工程等九大类。

以房屋建筑与装饰工程为例，其工程量计算规范中规定的分类项目包括：土石方工程，地基处理与边坡支护工程，桩基工程，砌筑工程，混凝土及钢筋混凝土工程，金属结构工程，木结构工程，门窗工程，屋面及防水工程，保温、隔热、防腐工程，楼地面装饰工程，墙、柱面装饰与隔断、幕墙工程，天棚工程，油漆、涂料、裱糊工程，其他装饰工程，拆除工程、措施项目等，分别制定了其项目的设置和工程量计算规则。

随着工程建设中新材料、新技术、新工艺等的不断涌现，工程量计算规范附录所列的工程量清单项目不可能包含所有项目。在编制工程量清单时，当出现工程量计算规范附录中未包括的清单项目时，编制人应作补充，在编制补充项目时应注意以下三个方面。

① 补充项目的编码应按工程量计算规范的规定确定。具体做法：补充项目的编码由工程量计算规范的代码与B和3位阿拉伯数字组成，并应从00起顺序编制。例如，房屋建筑与装饰工程如需补充项目，则其编码应从01B001开始起顺序编制，同一招标工程的项目不得重码。

② 在工程量清单中应附补充项目的项目名称、项目特征、计量单位、工程量计算规则和工作内容。

③ 将编制的补充项目报省级或行业工程造价管理机构备案。

2) 措施项目清单

(1) 措施项目列项。

措施项目是指为完成工程项目施工，发生于该工程施工准备和施工过程中的技术、生活、安全、环境保护等方面的项目。

措施项目清单应根据相关工程现行工程量计算规范的规定编制，并应根据拟建工程的实际情况列项。例如，《房屋建筑与装饰工程工程量计算规范》(GB 50854—2013)中规定的措施项目包括：脚手架工程，混凝土模板及支架(撑)，超高施工增加，垂直运输，大型机械设备进出场及安拆，施工排水、降水，安全文明施工及其他措施项目。

(2) 措施项目清单的格式。

① 措施项目清单的类别。措施项目费用的发生与使用时间、施工方法或者两个以上的工序相关，如安全文明施工费、夜间施工、非夜间施工照明、二次搬运、冬雨季施工、地上/地下设施和建筑物的临时保护设施、已完工程及设备保护等。但是有些措施项目则是可以计算工程量的项目，如脚手架工程，混凝土模板及支架(撑)，垂直运输，超高施工增加，大型机械设备进出场及安拆，施工排水、降水等，这类措施项目按照分部分项工程项目清单的方式采用综合单价计价，更有利于措施费的确定和调整。

措施项目中可以计算工程量的项目(单价措施项目)宜采用分部分项工程项目清单的方式编制，列出项目编码、项目名称、项目特征、计量单位和工程量，具体格式如表 1-4 所示；不能计算工程量的项目(总价措施项目)，以“项”为计量单位进行编制，其格式如表 1-5 所示。

表 1-5 总价措施项目清单与计价表

工程名称： 标段： 第 页 共 页

序号	项目编码	项目名称	计算基础	费率/%	金额/元	调整费率/%	调整后金额/元	备注
		安全文明施工费						
		夜间施工增加费						
		二次搬运费						
		冬雨季施工增加费						
		已完工程及设备保护费						
		⋮						
合计								

编制人(造价人员)： 复核人(造价工程师)：

注：1. “计算基础”中安全文明施工费可为“定额基价”“定额人工费”或“定额人工费+定额施工机具使用费”，其他项目可为“定额人工费”或“定额人工费+定额施工机具使用费”。

2. 按施工方案计算的措施费，若无“计算基础”和“费率”的数值，也可只填“金额”数值，但应在“备注”栏说明施工方案出处或计算方法。

② 措施项目清单的编制依据。措施项目清单的编制需考虑多种因素，除工程本身的因素外，还涉及水文、气象、环境、安全等因素。措施项目清单应根据拟建工程的实际情况

列项。若出现工程量计算规范中未列的项目，可根据工程实际情况补充。措施项目清单的编制依据主要有以下内容。

a. 施工现场情况、地勘水文资料、工程特点。

b. 常规施工方案。

c. 与建设工程有关的标准、规范、技术资料。

d. 拟定的招标文件。

e. 建设工程设计文件及相关资料。

3) 其他项目清单

其他项目清单是指除分部分项工程项目清单、措施项目清单所包含的内容以外，因招标人的特殊要求而发生的与拟建工程有关的其他费用项目和相应数量的清单。工程建设标准的高低、工程的复杂程度、工程的工期长短、工程的组成内容、发包人对工程管理的要求等都直接影响其他项目清单的具体内容。其他项目清单包括：暂列金额；暂估价(包括材料暂估单价、工程设备暂估单价、专业工程暂估价)；计日工；总承包服务费。其他项目清单宜按照表 1-6 所列的格式编制，出现未包含在表格中内容的项目，可根据工程实际情况补充。

表 1-6　其他项目清单与计价汇总表

工程名称：　　　　　　　　　　　　　标段：　　　　　　　　　　　　　第　页　共　页

序号	项目名称	金额/元	结算金额/元	备　注
1	暂列金额			
2	暂估价			
2.1	材料(工程设备)暂估价/结算价	—		
2.2	专业工程暂估价/结算价			
3	计日工			
4	总承包服务费			
5	索赔与现场签证			
合计				—

注：材料(工程设备)暂估单价进入清单项目综合单价，此处不汇总。

4) 规费、税金项目清单

规费项目清单应按照下列内容列项：社会保险费，包括养老保险费、失业保险费、医疗保险费、工伤保险费、生育保险费；住房公积金；工程排污费；出现计价规范中未列的项目，应根据省级政府或省级有关权力部门的规定列项。

税金项目清单应包括增值税。出现计价规范未列的项目，应根据税务部门的规定列项。规费、税金项目计价表如表 1-7 所示。

表 1-7 规费、税金项目计价表

工程名称: 标段: 第 页 共 页

序号	项目名称	计算基础	计算基数	费率/%	金额/元
1	规费	定额人工费			
1.1	社会保险费	定额人工费			
(1)	养老保险费	定额人工费			
(2)	失业保险费	定额人工费			
(3)	医疗保险费	定额人工费			
(4)	工伤保险费	定额人工费			
(5)	生育保险费	定额人工费			
1.2	住房公积金	定额人工费			
1.3	工程排污费	按工程所在地环境保护部门收取标准，按实计入			
2	税金(增值税)	人工费+材料费+施工机具使用费+企业管理费+利润+规费			
合计					

编制人(造价人员): 复核人(造价工程师):

思考与训练

一、单项选择题

1. 工程量清单是表现拟建工程的(　　)的明细清单。

A. 分部分项工程项目

B. 分部分项工程项目、措施项目、其他项目

C. 措施项目、其他项目

D. 分部分项工程项目、措施项目、其他项目名称和相应数量

2. 工程量清单是(　　)的组成部分。

A. 设计文件　　B. 施工组织设计

C. 施工方案　　D. 招标文件

3. 根据《建设工程工程量清单计价规范》(GB 50500—2013)，设置工程量清单项目时需要做到统一(　　)。

A. 项目编码、工程量计算规则

B. 项目编码、项目名称、计量单位、工程量计算规则

C. 工程量计算规则

D. 项目编码、计量单位、工程量计算规则

4. 工程量清单是由(　　)依据计价办法、招标文件要求、设计文件和施工现场实际情况编制的。

A. 设计单位　　B. 施工单位

C. 投标单位　　D. 业主委托造价咨询机构

二、简答题

1. 简述工程量清单计价的含义。

2. 简述工程量清单计价的依据。

3. 简述工程量清单的编制原则。

项目 1.6　建筑装饰工程计价定额的应用与换算

能力标准：

- 了解计价定额总说明内容。
- 掌握计价定额的套用与换算。

1.6.1　计价定额总说明

1. 计价定额的组成、作用及适用范围

(1) 《重庆市房屋建筑与装饰工程计价定额》(CQJZZSDE—2018)(以下简称“本定额”)共两册，第一册为建筑工程，第二册为装饰工程，与《重庆市建筑工程费用定额》(CQFYDE—2018)配套使用。

(2) 《重庆市房屋建筑与装饰工程计价定额》(CQJZZSDE—2018)第二册为装饰工程部分，由总说明、A～F 分部分项工程计价、G 措施项目计价组成。

(3) 计价定额的作用。

① 编制工程招标控制价(最高投标限价)的依据。

② 编制工程标底、结算审核的指导。

③ 工程投标报价、企业内部核算、制订企业定额的参考。

④ 编制建筑工程概算定额和投资估算指标的基础。

⑤ 建设行政主管部门调解工程价款争议、合理确定工程造价的依据。

本定额适用于重庆市行政区域内新建、扩建、改建的房屋建筑及市政基础设施的装饰工程。本市行政区域内国有投资的建设工程与装饰工程执行计价定额。非国有资金投资的建设工程可参考本定额执行。

2. 定额消耗水平

本定额按正常施工条件，大多数施工企业采用的施工方法、机械化程度和合理的劳动

组织及工期进行编制的，反映了社会平均人工、材料、机械消耗水平。本定额中的人工、材料、机械消耗量除规定允许调整外，均不得调整。

3. 定额综合单价

本定额综合单价是指完成一个规定计量单位的分部分项工程或措施项目所需的人工、材料、施工机具使用费、企业管理费、利润及一般风险费。综合单价计算程序见表1-8。

表1-8 定额综合单价计算程序

序号	费用名称	计费基础
		定额人工费
	定额综合单价	1+2+3+4+5+6
1	定额人工费	
2	定额材料费	
3	定额施工机械使用费	
4	企业管理费	1×费率
5	利润	1×费率
6	一般风险费	1×费率

1) 人工费

本定额人工以工种综合工表示，内容包括基本用工、超运距用工、辅助用工、人工幅度差。定额人工按8h工作制计算。

定额人工单价为：金属综合工120元/工日，木工、油漆、抹灰、幕墙综合工125元/工日，镶贴综合工130元/工日。

2) 材料费

(1) 本定额材料耗量已包括材料、成品、半成品的净用量以及从工地仓库、现场堆放点或现场加工点至操作或安装地点的运输损耗、施工操作损耗、施工现场堆放损耗。

(2) 本定额材料已包括施工中消耗的主要材料，辅助材料和零星材料合并为其他材料费，其他材料费使用时不作调整。

(3) 本定额已包括工程施工周转材料30km以内，从甲工地(或基地)至乙工地的搬迁运输费和场内运输费。

3) 施工机具使用费

(1) 本定额不包括原值(单位原值)在2000元以内，使用年限在一年以内，不构成固定资产的工具用具性小型机械费用，该费用已包含在企业管理费中。

(2) 本定额已包括工程施工的中小型机械的30km以内，从甲工地(或基地)至乙工地的搬迁运输费。

(3) 大型机械从甲工地(或基地)至乙工地的进出场费及安拆费应另行单独计算。

4) 企业管理费、利润

本定额企业管理费、利润的费用标准是按《重庆市建设工程费用定额》规定专业工程(装饰或幕墙工程)取定的，使用时不作调整(不管是公共建筑、住宅建筑、工业建筑还是市政

基础设施的装饰工程)。

5) 一般风险费

本定额包含《重庆市建设工程费用定额》所指的一般风险费，使用时不作调整。

4. 人工、材料、机械燃料动力价格的调整

本定额人工、材料、成品、半成品和机械燃料动力价格，是以定额编制期的市场价格确定的，建设项目实施阶段市场价格与定额价格不同时，可参照建设工程造价管理机构发布的工程所在地的价格信息或市场价格进行调整，价差(主要是人工价差)不作为计取企业管理费、利润、一般风险费的计费基数。

5. 其他

(1) 本定额的抹灰砂浆配合比以及砂石品种，如设计与定额不同时，应根据设计和施工规范要求，按“混凝土及砂浆配合比表”进行换算。

(2) 本定额中所采用的水泥强度等级是根据市场生产与供应情况和施工操作规程考虑的，施工中实际采用水泥强度等级不同时不作调整。

(3) 本定额中木饰面胶合板适用于5mm以内的柚木板、榉木板等，胶合板适用于5mm以内三层板、五层板，木夹板适用于厚度在5mm以上的九厘板(厚度为9mm)、十二厘板(厚度为12mm)、十五厘板(厚度为15mm)、十八厘板(厚度为18mm)、刨花木屑板、水泥木丝板、细木工板等，装饰石材适用于天然石材和人造石材。

(4) 本定额执行中涉及绿色建筑项目的，按《重庆市绿色建筑工程计价定额》执行。

(5) 本定额的缺项，按其他专业计价定额相关项目执行；再缺项时，由建设施工、监理单位共同编制一次性补充定额。

(6) 本定额的工作内容已经说明了主要的施工工序，次要工序虽未说明，但均已包括在内。

(7) 本定额中注有“×××以内”或者“×××以下”者，均包括×××本身；“×××以外”或者“×××以上”者，则不包括×××本身。

1.6.2 计价定额的套用与换算

计价定额是编制施工图预算、确定工程造价的主要依据，定额应用正确与否直接影响建筑工程造价。在编制施工图预算应用计价定额时，通常会遇到以下3种情况，包括计价定额的套用、换算和补充。

1. 计价定额的套用

在应用计价定额时，要认真阅读掌握计价定额的总说明、各分部工程说明、计价定额的适用范围，已经考虑和没有考虑的因素以及附注说明等。当分项工程的设计要求与计价定额条件完全相符时，则可直接套用计价定额。

根据施工图纸，对分项工程施工方法、设计要求等了解清楚，选择套用相应的计价定额项目。对分项工程与计价定额项目，必须从工程内容、技术特征、施工方法以及材料规格上进行仔细核对，然后才能正式确定相应的计价定额套用项目。这是正确套用计价定额的关键。

(1) 施工图设计要求与定额单个子目内容完全一致的，直接套用定额对应子目。

【案例 1-1】普通黏土砖外墙面抹灰，设计标注做法为水泥砂浆外墙面粉刷，采用 12 mm 厚的 1∶3 水泥砂浆打底，8mm 厚的 1∶2.5 水泥砂浆粉面。

【案例分析】

经查计价定额，与墙面、墙裙水泥砂浆抹灰[砖墙]子目完全一致，可以直接套用。套用结果见表 1-9。

表 1-9 套用结果

序号	项目名称	定额编号	单 位	单价/元
1	外墙抹水泥砂浆[砖墙]	AM0004	100m^2	2935.08

(2) 施工图设计要求与定额多个子目内容一致的，组合套用定额相应子目。

【案例 1-2】施工图设计楼面细石混凝土找平层 40mm 厚。

【案例分析】

经查计价定额，没有直接对应的单一子目，但分别有楼面细石混凝土找平层 30mm 厚(AL0010)和厚度每增减 5mm 厚(AL0012)，见表 1-10。

表 1-10 找平层

工作内容：自拌混凝土搅拌、捣平、压实、养护　　计量单位：100m^3

定额编号					AL0010		AL0012	
项 目			单位	单价	细石混凝土			
					厚度 30mm		厚度每增减 5mm	
综合单价			元		2120.86		299.91	
其中	人工费		元		867.88		120.88	
	材料费		元		837.49		118.99	
	机械费		元		58.61		9.73	
	管理费		元		223.28		31.48	
	利润		元		119.70		16.87	
	一般风险费		元		13.90		1.96	
抹灰综合工			工日	125	6.943	867.88	0.967	120.88
材料	800210020	混凝土 C20	m^3	235.62	3.030	713.93	0.505	118.99
	810425010	素水泥浆	m^3	478.39	0.100	47.94	—	—
	341100100	水	m^3	4.42	0.600	2.65	—	—
	002000010	其他材料费	元	—	72.97	72.97	—	—
机械	990602020	搅拌机 350L	台班	226.31	0.259	58.61	0.043	9.73

应组合套用此两子目，套用结果见表 1-11。

表 1-11　套用结果

序　号	项目名称	定额编号	单　位	单价/元
1	细石混凝土找平层 40mm 厚	AL0010-AL0012×2	$100m^2$	2720.68

2. 计价定额的换算

计价定额的套用的确给工程预结算工作带来了极大的便利，但由于建筑产品的单一性和施工工艺的多样性，决定了计价定额不可能把实际所发生的各种因素都考虑进去，直接用计价定额是不能满足预结算工作要求的。为了编制出符合设计要求和实际施工方法的预结算，除了对缺项采取编制补充计价定额外，最常用的方法是在计价定额规定的范围内对定额子目进行换算。换算的基本步骤与直接套用相同，从对象子目的栏目内找出需进行调整、增减的项目和消耗量后，按计价定额规定进行换算。

换算方法有许多种，大致分为以下几类。

1) 施工图设计做法与计价定额内容不一致的换算

(1) 品种的换算。这类换算主要是将实际所用材料品种替代换算对象定额子目中所含材料品种，通常是指各种成品安装材料以及混凝土、砂浆标号和品种等的换算。

由于砂浆用量不变，所以人工费、机械费不变，因而只换算砂浆强度等级和调整砂浆材料费。

砌筑砂浆换算公式为

换算后综合单价=原综合单价+定额砂浆用量×(换入砂浆单价-换出砂浆单价)

=原综合单价+换入费-换出费

【案例 1-3】求 M7.5 水泥砂浆砌砖基础的综合单价。

【案例分析】

查计价定额(见表 1-12)，换算定额编号为 AD0001。

换算后综合单价为 $\text{AD0001}_{换}$=439. 93+0.2399×(195.56-183.45)=442.84(元/m^3)

或 4399.3+469.15-440.10=4428.35 元/$10m^3$

换算后材料用量(每 m^3 砌体)为

32.5 级水泥：0.2399×358.000=85.88(kg)

中砂：0.2399×1.316=0.32(t)

表 1-12　砖基础

工作内容：清理基槽坑、调运砂浆、铺砂浆、运砖、砌砖　　　　计量单位：$10m^3$

定额编号				AD0001	
项　目		单　位	单　价	砖基础(240 砖)	
				数　量	合　价
综合单价			元	4399.30	
其中	人工费		元	1175.53	
	材料费		元	2667.04	

续表

项　目			单　位	单　价	砖基础(240 砖)	
					数　量	合　价
其中	机械费			元	75.02	
	管理费			元	301.38	
	利润			元	161.57	
	一般风险费			元	18.76	
砌筑综合工			工日	115	10.222	1175.53
材料	041300010	标准砖	千块	422.33	5.262	2222.30
	810104010	水泥砂浆 M5	m^3	183.45	2.399	440.10
	810104020	水泥砂浆 M7.5	m^3	195.56	(2.399)	(469.15)
	810104030	水泥砂浆 M10	m^3	209.07	(2.399)	(501.56)
	341100100	水	m^3	4.42	1.050	4.64
机械	990610010	搅拌机 200L	台班	187.56	0.400	75.02

(2) 厚度的换算。这类换算主要运用于墙面抹灰、楼地面找平层、屋面保温等处。对于砂浆类，换算过程要相对复杂些。当设计图纸要求的抹灰砂浆配合比与预算定额的抹灰砂浆配合比或厚度不同时，就要进行抹灰砂浆换算，如墙柱面定额规定，墙面抹灰砂浆厚度应调整，砂浆用量按比例调整。

换算后综合单价=材料费+$\sum$(各层换入砂浆用量×换入砂浆综合单价−各层换出砂浆用量×换出砂浆综合单价)+定额机械费+定额人工费×(1+15.61%+9.61%)

=定额综合单价+$\sum$(各层换入砂浆用量×换入砂浆综合单价−各层换出砂浆用量×换出砂浆综合单价)

各层换入砂浆用量=(定额砂浆用量÷定额砂浆厚度)×设计厚度

各层换出砂浆用量=定额砂浆用量

【案例 1-4】求 1∶3 水泥砂浆底层 18mm 厚，1∶2 水刷石面层 12mm 厚抹砖外墙面的综合单价。

【案例分析】

查阅定额中墙、柱抹灰取定的砂浆品种、厚度，得砖墙面为底层 1∶3 水泥砂浆 15mm 厚，面层 1∶2 水泥白石子浆 10mm 厚，需换算。

查计价定额(见表 1-13)，换算定额编号为 LB0001。

底层换入砂浆用量为 0.174×18/15=0.2088(m^3)

面层换入水泥白石子浆用量为 0.116×12/10=0.1392(m^3)

换算后综合单价为

504.99+0.2088×213.87−37.21 + 0.1392× 775.39−89.95=530.42(元/10m^2)

换算后材料用量(每 10m^2)为

32.5 级水泥：0.2088×411 +0.1392×687=181.45(kg)

特细砂：0.2088×1.344=0.28(t)

白石子：0.1392×1.376=0.19(t)

(3) 配合比的换算。当设计图纸要求的抹灰砂浆配合比与预算定额的抹灰砂浆配合比不同时，就要进行抹灰砂浆换算。

【案例 1-5】求 1∶2 水泥砂浆底层 15mm 厚，1∶2 水刷石面层 10mm 厚抹砖墙面的综合单价。

【案例分析】

查阅定额中墙面装饰抹灰取定的砂浆品种、厚度，得厚度与定额一致，配合比需换算。

查计价定额(见表 1-13)，换算计价定额编号为 LB0001。

换算后综合单价为 504.99+0.174× (256.68−213.87)=512.44(元/$10m^2$)

表 1-13　墙面装饰抹灰水刷石

工作内容：1. 清理基层、修补堵眼、湿润基层、调运砂浆、清扫落地灰

2. 刷素水泥浆、分层抹灰找平、抹装饰面、勾分隔缝

计量单位：$10m^2$

定额编号					LB0001	
项　目			单　位	单　价	水刷石子	
					数　量	合　价
综合单价				元	504.99	
其中	人工费			元	284.25	
	材料费			元	133.70	
	机械费			元	10.23	
	管理费			元	44.37	
	利润			元	27.32	
	一般风险费			元	5.12	
抹灰综合工			工日	125	2.274	284.25
材料	810201050	水泥砂浆 1∶3	m^3	213.87	0.174	37.21
	8104001030	水泥白石子浆 1∶2	m^3	775.39	0.116	89.95
	810425010	素水泥浆	m^3	479.39	0.011	5.27
	002000010	其他材料费	元	—	—	1.27
机械	002000045	其他机械费	元	—	—	10.23

换算后材料用量为

32.5 级水泥：0.174× 570.000+0.116×687=178.87(kg/$10m^2$)

特细砂：0.174×1.243=0.22(t/$10m^2$)

白石子：0.116×1.376=0.16(t/$10m^2$)

(4) 规格的换算。主要是指内外墙贴面砖、瓦材等块料规格与定额取定不符，定额规定可以对消耗量进行换算，并给出了相应的换算方法。

【案例 1-6】某楼面用水泥砂浆 400mm×400mm(单价为 12 元/块)地砖镶贴，求其综合单价。

【案例分析】

12/(0.4×0.4)=75 元/m^2

查计价定额(见表 1-14)，换算后综合单价为 LA0008$_{\text{换}}$。

换算后综合单价为 735.09+10.25×75−399.63=1104.21(元/10m^2)

表 1-14 地砖

工作内容：清理基层、试排弹线、锯板修边、刷素水泥浆、铺贴饰面、清理净面

计量单位：10m^2

定额编号					LA0008	
项 目			单 位	单 价	地面砖楼地面	
					数 量	合 价
综合单价				元	735.09	
其中	人工费			元	260.00	
	材料费			元	399.63	
	机械费			元	5.20	
	管理费			元	40.59	
	利润			元	24.99	
	一般风险费			元	4.68	
镶贴综合工			工日	130	2.000	260.00
材料	070502000	地面砖	m^2	32.48	10.250	332.92
	810201030	水泥砂浆 1∶2	m^3	256.68	0.202	51.85
	810425010	素水泥浆	m^3	479.39	0.010	4.79
	040100120	普通硅酸盐水泥	kg	0.30	19.890	5.97
	040100520	白色硅酸盐水泥	kg	0.75	1.030	0.77
	002000010	其他材料费	元	—	3.33	3.33
机械	002000045	其他机械费	元	—	5.20	5.20

2) 施工方法与定额内容不一致的换算

(1) 量差的换算。这类换算是由于实际施工工艺与定额设定工艺不同，以增减或调整定额相应子目消耗量或金额的方式进行的。定额规定多以章节说明和附注说明形式出现，分布于多个分部工程。

【案例 1-7】在墙柱面夹板基层上再做一层石膏板时，定额规定：每 10m^2 另加夹板 10.5m^2、人工 0.547 工日。

(2) 系数的换算。这类换算在实际工作中应用广泛，运用于装饰工程各分部和措施项目等分部。

【案例 1-8】求楼地面镶贴多色弧形图案石材的综合单价。

【案例分析】

根据计价定额规定，楼地面镶贴多色弧形图案人工费乘以 1.2 系数。查计价定额(见表 1-15)，换算定额编号为 LA0003。

换算后综合单价为：定额综合单价+调整定额人工费−定额人工费=2003.14+431.34×1.2×(1+15.61%+9.61%)−431.34=2219.95(元/10m^2)

其中：人工费=431.34×1.20=517.61(元/10m^2)

表 1-15 拼花石材楼地面

工作内容：清理基层、试排弹线、锯板修边、刷素水泥浆、铺贴饰面、清理净面

计量单位：10m^2

定额编号					LA0003	
项目			单位	单价	石材楼地面	
					数量	合价
综合单价				元	2003.14	
其中	人工费			元	431.34	
	材料费			元	1446.63	
	机械费			元	8.63	
	管理费			元	67.33	
	利润			元	41.45	
	一般风险费			元	7.76	
镶贴综合工			工日	130	3.318	431.34
材料	082100010	装饰石材	m^2	120.00	11.500	1380
	810201030	水泥砂浆 1：2	m^3	256.68	0.202	51.85
	810425010	素水泥浆	m^3	479.39	0.010	4.79
	040100120	普通硅酸盐水泥	kg	0.30	19.890	5.97
	040100520	白色硅酸盐水泥	kg	0.75	1.000	0.75
	002000010	其他材料费	元	—	3.27	3.27
机械	002000045	其他机械费	元	—	8.63	8.63

3. 计价定额的补充

当分项工程的设计要求与定额条件完全不相符时，或者由于设计采用新结构、新材料及新工艺施工，在计价定额中没有这类项目，属于计价定额缺项时，可编制补充计价定额。

编制补充计价定额的方法通常有两种：一种是计算人工、各种材料和机械台班消耗量指标，然后乘以人工工资标准、材料预算价格及机械台班使用费，并汇总即得补充计价定额，另一种方法是补充项目的人工、机械台班消耗量，可以用同类型工序、同类型产品定额水平消耗的工时、机械台班标准为依据，套用相近的计价定额项目；而材料消耗量按施工图纸进行计算或按实际测定方法来确定。

编制好的补充计价定额，如果是多次使用的，一般要报有关主管部门审批或与建设单位进行协商，经同意后再列入工程计价定额正式使用。

思考与训练

简答题

1. 简述计价定额的作用。
2. 简述定额综合单价。
3. 在编制施工图预算应用计价定额时通常会遇到哪些情况？

单元 2 建筑装饰工程定额计量与计价

学习目标：

掌握楼地面工程、墙柱面工程、天棚工程、油漆、涂料、裱糊工程、配套装饰工程等的施工工艺、工程量计算规则及定额项目的应用。

具备运用定额计价方法编制装饰工程造价文件的能力。

引例：

某施工单位编制某商务楼装饰工程投标报价，按照招标文件要求，采用定额计价模式报价。在此计价活动中，造价人员主要应完成哪些工作任务？地区计价定额如何使用？

项目 2.1 楼地面装饰工程

能力标准：

- 了解楼地面工程的施工工艺。
- 会进行一般楼地面工程定额工程量的计算。
- 会查套定额项目并进行费用的计算。
- 会依据规定对定额项目进行调整换算。

2.1.1 楼地面装饰工程构造及施工工艺

楼地面是底层地面(无地下室的建筑指首层地面，有地下室的建筑指地下室的最底层)和楼层地面的总称，主要包括结构层、中间层和面层。根据构造方法和施工工艺不同，可分为整体类楼地面、块材类楼地面、木地面及人造软制品楼地面等。

1. 整体类楼地面

整体类楼地面的面层无接缝，它的面层是在施工现场整体浇筑而成的。这类楼地面包括水泥砂浆楼地面、水泥混凝土楼地面、现浇水磨石楼地面及涂布楼地面等。

1) 水泥砂浆楼地面

水泥砂浆楼地面是直接在现浇混凝土垫层水泥砂浆找平层上施工的一种传统整体地面。水泥砂浆楼地面的构造做法如图 2-1 所示。

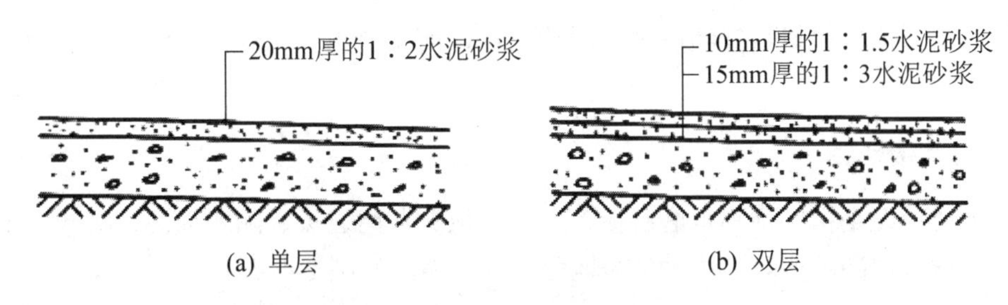

(a) 单层　　(b) 双层

图 2-1　水泥砂浆楼地面的构造做法

水泥砂浆地面施工工艺流程为：基层处理→找标高、弹线→洒水湿润→抹灰饼和标筋→搅拌砂浆→刷水泥浆结合层→铺水泥砂浆面层→木抹子搓平→铁抹子压第一遍→第二遍压光→第三遍压光→养护。

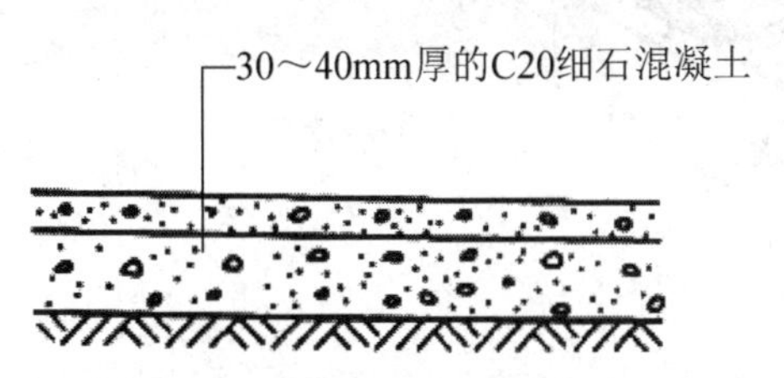

图 2-2　细石混凝土楼地面的构造做法

2) 水泥混凝土楼地面

水泥混凝土楼地面面层按粗骨料的粒径不同分为细石混凝土面层和混凝土面层。细石混凝土楼地面的构造做法如图 2-2 所示。

3) 现浇水磨石楼地面

现浇水磨石楼地面是在水泥砂浆或普通混凝土垫层上按设计要求分格、抹水泥石子浆，凝固硬化后磨光露出石渣，并经补浆、细磨、打蜡后制成的。

现浇水磨石楼地面的构造做法：首先在基层上用 1∶3 水泥砂浆找平 10～20mm 厚。当有预埋管道和受力构造要求时，应采用不小于 30mm 厚的细石混凝土找平。为实现装饰图案，防止面层开裂，常需给面层分格。因此，应先在找平层上镶嵌分格条；然后，用 1∶2～1∶3 的水泥石渣浆浇入整平，待硬结后用磨石机磨光；最后补浆、打蜡、养护。现浇水磨石楼地面及分格条固定示意图如图 2-3 所示。

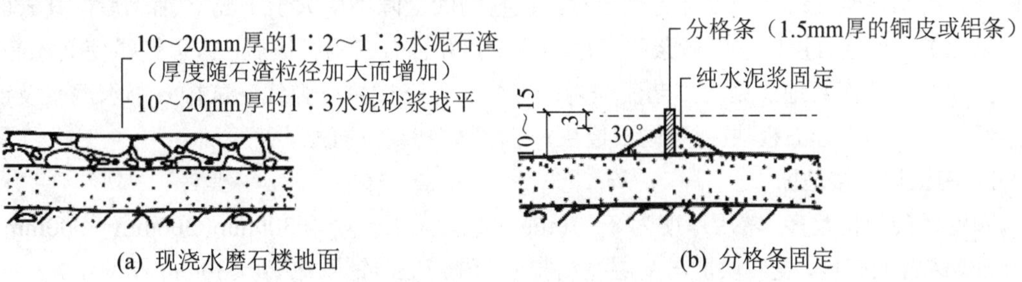

(a) 现浇水磨石楼地面　　(b) 分格条固定

图 2-3　现浇水磨石楼地面及分格条固定示意图

水磨石地面施工工艺流程为：基层处理→找标高→弹水平线→铺抹找平层砂浆→养护→弹分格线→镶分格条→拌制水磨石拌合料→涂刷水泥浆结合层→铺水磨石拌合料→滚压、抹平→试磨→粗磨→细磨→磨光→草酸清洗→打蜡上光。

4) 涂布楼地面

涂布楼地面是指在水泥楼地面面层之上，为改善水泥地面在使用与装饰质量方面的某些不足，而加做的各种涂层饰面。其主要功能是装饰和保护地面，使地面清洁美观。在地

面装饰材料中，涂层材料是较经济和实用的一种，而且自重轻、维修方便、施工简便及工效高。

2. 块材类楼地面

块材类楼地面是指以预制水磨石板、大理石板、花岗岩板、陶瓷锦砖、缸砖及水泥砂浆砖等板块材料铺砌的地面。块材类楼地面的构造做法如图 2-4 所示。

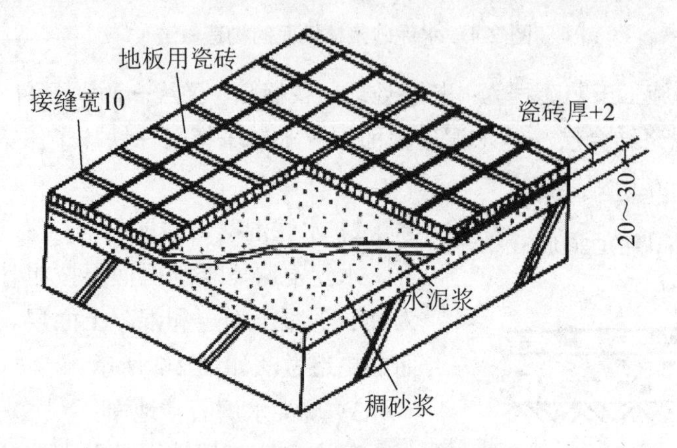

图 2-4　块材类楼地面的构造做法

1) 大理石板、花岗岩板楼地面

大理石板、花岗岩板楼地面一般适用于宾馆的大厅或要求高的卫生间、公共建筑的门厅及营业厅等房间的楼地面。

大理石板、花岗岩板厚度一般为 20～30mm，每块大小为 300mm×300mm～600mm×600mm。其构造做法是：先在刚性平整的垫层或楼板基层上铺 30mm 厚的 1∶2～1∶4 干硬性水泥砂浆结合层，擀平压实，上撒素水泥面，并洒适量清水，然后铺贴大理石板或花岗岩板，并用水泥浆灌缝。当设计无规定时，板材间的缝隙不应大于 1mm。铺砌后，其表面应加以保护，待结合层的水泥砂浆强度达到要求，并且做完踢脚板后，方可打蜡使其光亮。

大理石、花岗石地面施工工艺流程为：准备工作→试拼→弹线→试排→刷水泥浆及铺砂浆结合层→铺大理石板块(或花岗石板块)→灌缝、擦缝→打蜡。

2) 陶瓷地砖楼地面

陶瓷地砖规格繁多，常用厚度为 8～10mm，每块大小一般为 300mm×300mm～600mm×600mm。砖背面有棱，使砖块能与基层黏结牢固。陶瓷地砖铺贴在 20～30mm 厚的 1∶2.5～1∶4 干硬性水泥砂浆结合层上，并用素水泥浆嵌缝。陶瓷地砖楼地面的构造做法如图 2-5 所示。

3) 陶瓷锦砖和缸砖楼地面

陶瓷锦砖有多种规格及颜色，主要有正方形、长方形、多边形、六角形和梯形。构造做法：在垫层或结构层上铺一层 20mm 厚的 1∶3～1∶4 干硬性水泥砂浆结合层兼找平层。上撒素水泥面，并洒适量清水，以加强其表面黏结力。然后将陶瓷锦砖整联铺贴，压实拍平，使水泥浆挤入缝隙。待水泥浆硬化后，用水喷湿纸面，揭去牛皮纸，最后用白泥浆嵌缝。陶瓷锦砖楼地面的构造做法如图2-6所示。

缸砖是由黏土和矿物原料烧制而成的，因加入矿物原料不同而有各种色彩，一般为红棕色，但也有黄色和白色。常用规格有：正方形(100mm×100mm×10mm和150mm×150mm×13mm)、长方形(150mm×75mm×20mm)、六角形及八角形等。构造做法：20mm厚的1∶3水泥砂浆找平，3～4mm厚的水泥胶(水泥∶107胶∶水=1∶0.1∶0.2)粘贴缸砖，校正找平后用素水泥浆嵌缝。缸砖楼地面的构造做法如图2-7所示。

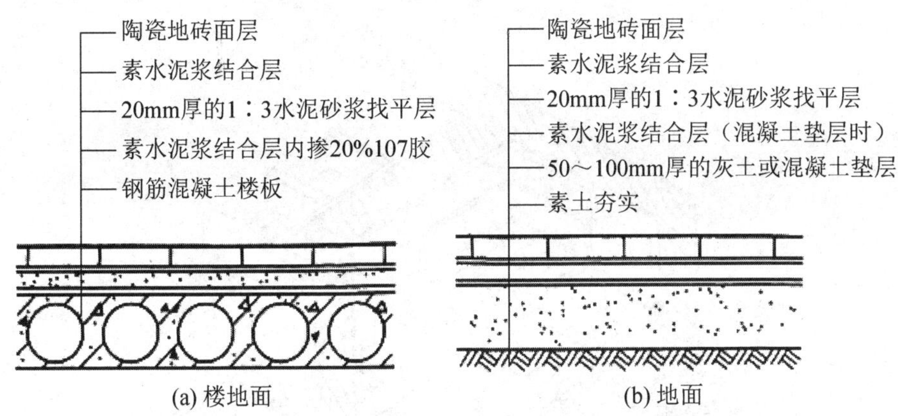

图2-5 陶瓷地砖楼地面的构造做法

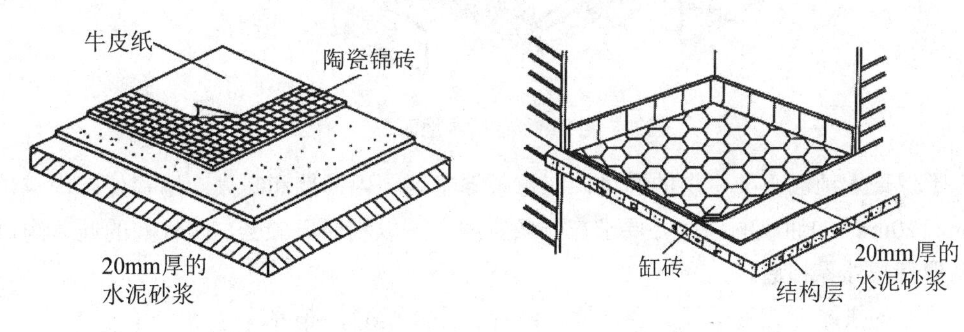

图2-6 陶瓷锦砖楼地面的构造做法

图2-7 缸砖楼地面的构造做法

4) 预制水磨石板、水泥砂浆砖、混凝土预制块楼地面

这类预制板块具有质地坚硬、耐磨性能好等优点，是具有一定装饰效果的大众化地面饰面材料，主要用于室外地面。

预制板块与基层粘贴的方式一般有两种：一种做法是在板块下干铺一层20～40mm厚的沙子，待校正平整后，于预制板块之间用沙子或砂浆嵌缝；另一种做法是在基层上抹10～20mm厚的1∶3水泥砂浆，然后在其上铺贴块材，再用1∶1水泥砂浆嵌缝。前者施工简便，易于更换，但不易平整，适用于尺寸大而厚的预制板块；后者则坚实、平整，适用于尺寸小而薄的预制板块。

3. 木地面

木地面的构造层次是由面层和基层组成的。

1) 空铺木地面

空铺木地面多用于首层地面，它由地垄墙、压沿木、垫木、木龙骨(又称木格栅、木楞)、剪刀撑、木地板(单层或双层)等组成。地垄墙是承受木地面荷载的重要构件，其上铺油毡一层，再上铺压沿木和垫木。木龙骨的两端固定在压沿木或垫木上，在木龙骨之间设剪刀撑，以增强龙骨的稳定性。木龙骨、压沿木、垫木以及木地板的底面均应做防腐处理，满涂沥青或氟化钠溶液。空铺木地面如图 2-8 所示。

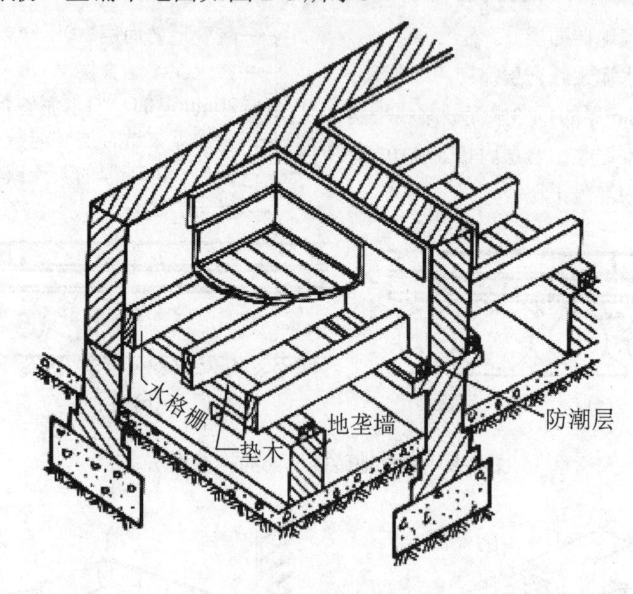

图 2-8 空铺木地面

为了保证木地面下架空层的通风，在每条地垄墙、内横墙和暖气沟墙等处，均应预留 120mm×120mm 的通风洞口，并要求在一条直线上，以利通风顺畅，暖气沟的通风沟口可采用钢护管与外界相通。

木地面的拼缝形式有平缝、企口缝、嵌舌缝、高低缝、低舌缝等。

木地面的四周墙脚处，应设木踢脚板，其高度为 100～200mm，常用的高度为 150mm，厚度为 20～25mm，其所用的木材一般与木地面面层相同。

2) 实铺木地面

实铺木地面一般多用于楼层，但也可以用于底层，可以铺钉在龙骨上，也可以直接粘贴于基层上。

(1) 双层面层的铺设方法。

在地面垫层或楼板层上，通过预埋镀锌钢丝或 U 形铁件，将做过防腐处理的木格栅绑扎。对于没有预埋件的楼地面，通常采用水泥钉和木螺钉固定木格栅。木格栅上铺钉毛木板，背面刷防腐剂。毛木板呈 45° 斜铺，上铺油毡一层，表面刷清漆并打蜡。毛木板面层与墙之间留 10～20mm 的缝隙，并用木踢脚板封盖。为了减少人在地板上行走时所产生的空鼓声，改善保温隔热效果，通常还在木格栅与木格栅之间的空隙内填充一些轻质材料，如蛭石、矿棉毡、石灰炉渣等双层面层实铺木地面，如图 2-9(a)所示。

(2) 单层面层的铺设方法。

将实木地板直接与木格栅固定，每块长板条应钉牢在每根木格栅上，钉长应为板厚的 2～2.5 倍，并从侧面斜向钉入板中。其他做法与双层面层相同。单层面层实铺木地面如图 2-9(b)所示。

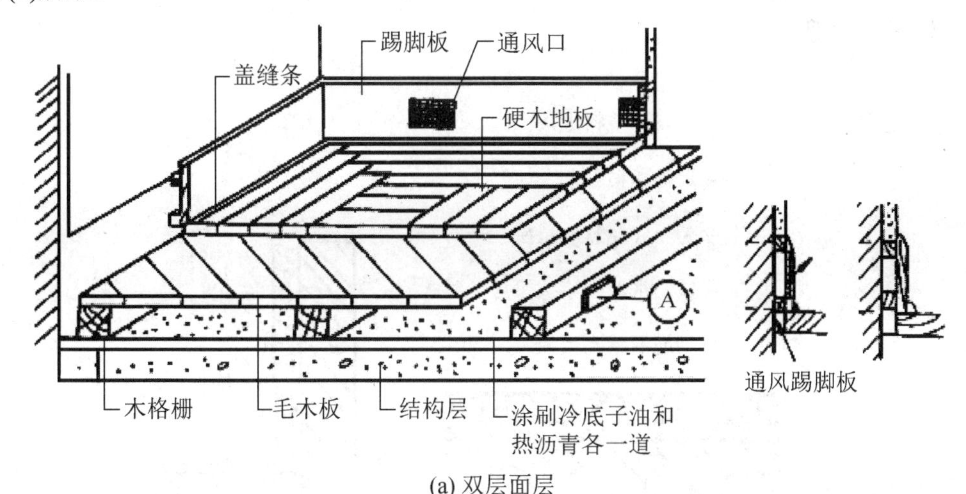

(a) 双层面层

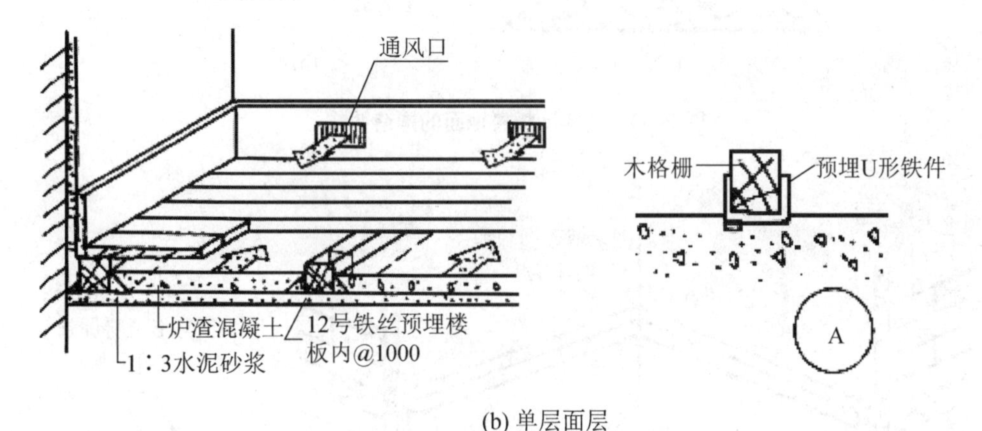

(b) 单层面层

图 2-9　实铺木地面

4. 人造软制品楼地面

人造软制品楼地面是指以质地较软的地面覆盖材料所形成的楼地面装饰，如橡胶地毡、塑料地板、地毯等楼地面。

1) 橡胶地毡楼地面

橡胶地毡是以天然橡胶或合成橡胶为主要原料，加入适量的填充料加工而成的地面覆盖材料。

2) 塑料地板楼地面

塑料地板楼地面是指用聚氯乙烯或其他树脂塑料地板作为饰面材料铺贴的楼地面。塑料地板楼地面的构造做法如图 2-10 所示。塑料地板楼地面的焊接施工如图 2-11 所示。

3) 地毯楼地面

地毯是一种高级地面饰面材料。地毯楼地面具有美观、脚感舒适、富有弹性、吸声、隔声、保温、防滑、施工和更新方便等特点。地毯的铺设分为满铺和局部铺设两种。地毯在楼梯踏步转角处需用铜质防滑条和铜质压毡杆进行固定处理。倒刺板、踢脚线与地毯的固定如图 2-12 所示。

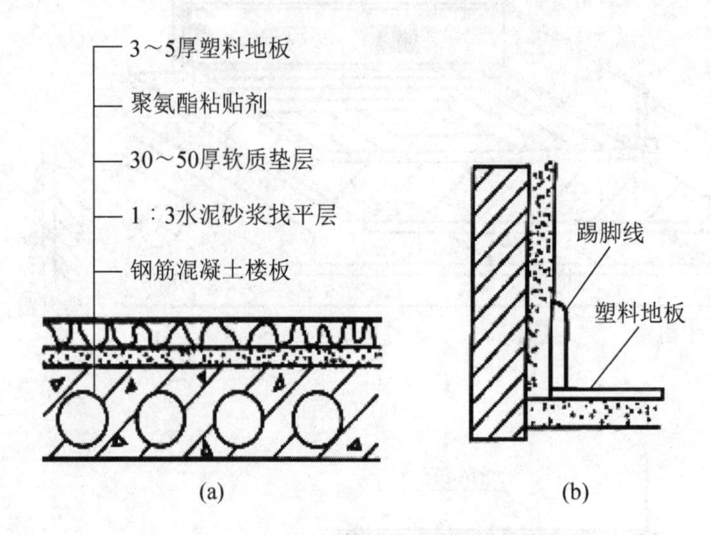

图 2-10　塑料地板楼地面的构造做法

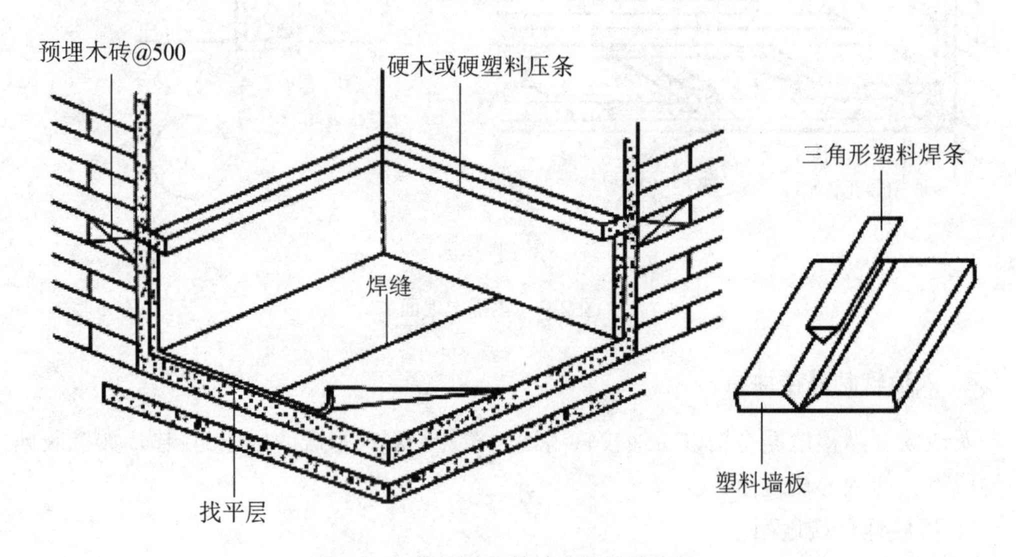

图 2-11　塑料地板楼地面的焊接施工

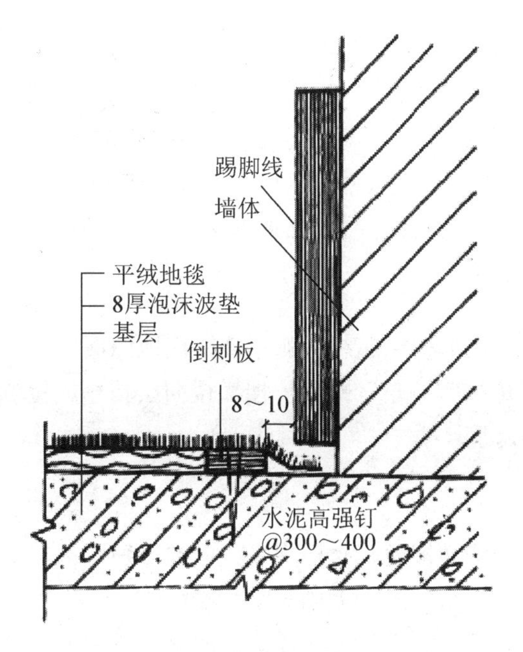

图 2-12 倒刺板、踢脚线与地毯的固定

2.1.2 定额说明与解释

1. 块料面层

(1) 同一铺贴面上如有不同种类、材质的材料，分别按本项目相应定额子目执行。

(2) 镶贴块料子目是按规格料考虑的，如需倒角、磨边者，按相应定额子目执行。

(3) 块料面层中单、多色已综合编制，颜色不同时，不作调整。

(4) 单个镶拼面积小于 0.015m^2 的块料面层执行石材点缀定额，材料品种不同可换算。

(5) 块料面层斜拼、“工”字形、“人”字形等拼贴方式执行块料面层斜拼定额子目。

(6) 块料面层的水泥砂浆黏结厚度按 20mm 编制，实际厚度不同时可按实调整。

(7) 块料面层的勾缝按白水泥编制，实际勾缝材料不同时可按实调整。

(8) 块料面层现场拼花项目是按现场局部切割并分色镶贴成直线、折线图案综合编制的，现场局部切割并分色镶贴成弧形或不规则形状时，按相应项目人工乘以系数 1.2，块料消耗量损耗按实调整。

(9) 楼地面贴青石板按装饰石材相应定额子目执行。

(10) 玻璃地面的钢龙骨、玻璃龙骨设计用量与定额子目不同时，允许调整，其余不变。

2. 地毯

地毯分色、对花、镶边时，人工乘以系数 1.10，地毯损耗按实调整，其余不变。

3. 踢脚线

(1) 成品踢脚线按 150mm 编制，设计高度与定额不同时，材料允许调整，其余不变。

(2) 木踢脚线不包括压线条，如设计要求时，按相应定额子目执行。

(3) 踢脚线为弧形时，人工乘以系数 1.15，其余不变。

(4) 楼梯段踢脚线按相应定额子目人工乘以系数 1.15，其余不变。

4. 楼梯面

楼梯面层定额子目按直形楼梯编制，弧形楼梯楼地面面层按相应定额子目人工、机械乘以系数 1.20，块料用量按实调整。螺旋形楼梯楼面层按相应定额子目人工、机械乘以系数 1.30，块料用量按实调整。

5. 零星装饰

零星装饰项目适用于楼梯侧面、楼梯踢脚线中的三角形块料、台阶的牵边、小便池、蹲台、池槽，以及单个面积在 0.5m^2 以内的其他零星项目。

6. 石材底面

石材底面刷养护液包括侧面涂刷。

2.1.3 工程量计算规则

1. 块料面层、橡塑面层及其他材料面层

(1) 块料面层、橡塑面层及其他材料面层，按设计图示面积以 m^2 计算。门洞、空圈、暖气包槽、壁龛的开口部分并入相应的工程量内。

(2) 拼花部分按实铺面积以 m^2 计算，块料拼花面积按拼花图案最大外接矩形计算。

(3) 石材点缀按“个”计算，计算铺贴地面面积时，不扣除点缀所占面积。

2. 踢脚线

踢脚线按设计图示长度以“延长米”计算。

3. 楼梯面层

楼梯面层按设计图示楼梯(包括踏步、休息平台及不大于 500mm 的楼梯井)水平投影面积以 m^2 计算。楼梯与楼地面相连时，计算至梯口梁内侧边沿；无梯口梁者，计算至最上一层踏步边沿加 300mm。

其中，单跑楼梯面层水平投影面积计算如图 2-13 所示。

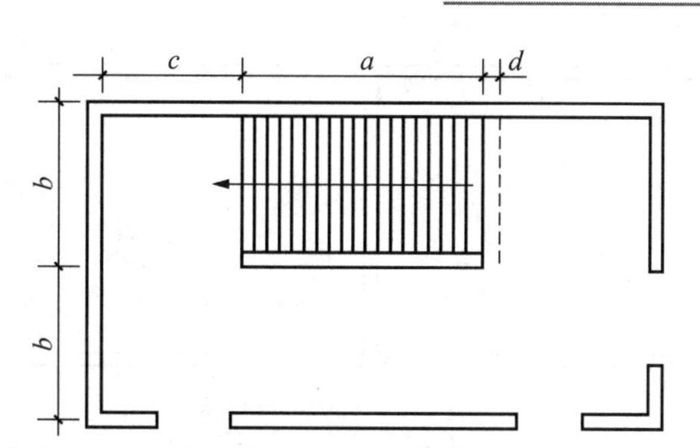

图 2-13 单跑楼梯

(1) 计算公式为

$$单跑楼梯面层水平投影面积=(a+d)\times b+2bc$$

(2) 当 $c>b$ 时，c 按 b 计算；当 $c\leqslant b$ 时，c 按设计尺寸计算。

(3) 有锁口梁时，d 为锁口梁宽度；无锁口梁时，d=300mm。

4. 台阶面层

台阶面层按设计图示水平投影面积以 m^2 计算，包括最上层踏步边沿加 300mm。

台阶面层定额中不包括牵边和侧面抹灰，需要另行计算。

5. 零星项目

零星项目按设计图示面积以 m^2 计算。

6. 其他

(1) 石材底面刷养护液工程量按设计图示底面积以 m^2 计算。

(2) 石材表面刷保护液、晶面护理按设计图示表面积以 m^2 计算。

2.1.4 典型案例分析

【案例 2-1】某商店平面图如图 2-14 所示(图中长度单位默认为 mm，以下不再标注)。地面做法：C20 细石混凝土找平层 30mm 厚，1∶2 白水泥色石子水磨石面层 35mm 厚，试计算地面工程量并计价。

【案例分析】

(1) 列项。

C20 细石混凝土找平层(AL0010)、白水泥色石子水磨石面层(35mm 厚)(AL0032)。

(2) 计算工程量。

整体面层及找平层工程量按设计图示尺寸以面积计算。不扣除柱所占的面积。

① 找平层工程量为：(9.9−0.24)×(6−0.24)×2+(9.9×2−0.24)×(2−0.24)=145.71(m^2)

② 白水泥色石子水磨石面层(35mm 厚)的工程量为：(9.9−0.24)×(6−0.24)×2+(9.9×2−0.24)×(2−0.24)=145.71(m^2)

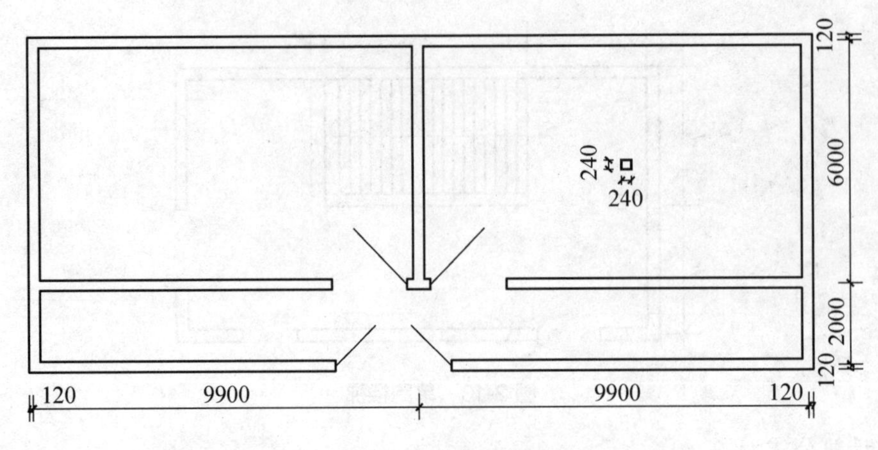

图 2-14 商店平面图

(3) 套用计价定额。

计算结果见表 2-1。

表 2-1 计算结果

序号	定额编号	项目名称	计量单位	工程量	综合单价/元	合价/元
1	AL0010	C20 细石混凝土找平层	$100m^2$	1.46	2120.86	3090.31
2	AL0032	白水泥色石子水磨石面层(35mm 厚)	$100m^2$	1.46	9177.98	13373.23
合计						16463.54

【案例 2-2】某工程楼地面平面图如图 2-15 所示，试计算室内水泥砂浆(厚度为 20mm)地面的工程量并计价。

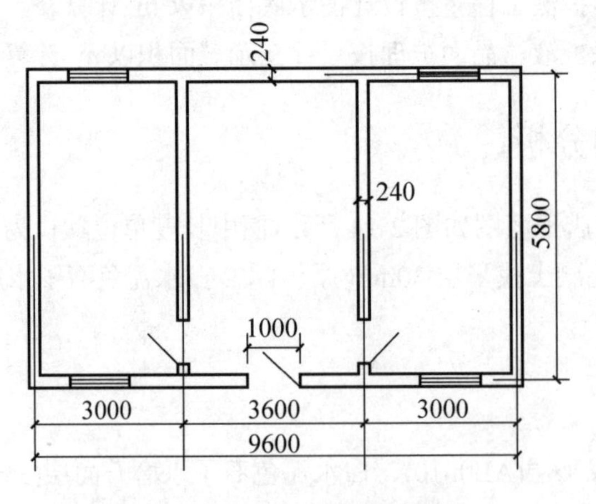

图 2-15 水泥砂浆地面示意图

【案例分析】

(1) 列项。

水泥砂浆地面(厚度为 20mm)(AL0014) 。

(2) 计算工程量。

整体面层及找平层工程量按设计图示尺寸以 m^2 计算。

工程量为：(5.8−0.24)×(9.6−0.24×3) =49.37(m^2)。

(3) 套用计价定额。

计算结果见表 2-2。

表 2-2　计算结果

序号	定额编号	项目名称	计量单位	工程量	综合单价/元	合价/元
1	AL0014	水泥砂浆地面(厚度为 20mm)	100m^2	0.50	2176.47	1074.52
合计						1074.52

【案例 2-3】某工程水磨石地面面层为彩色镜面，带嵌条，面层进行酸洗打蜡，平面图如图 2-16 所示。试计算 35mm 厚的现浇水磨石地面的工程量并计价。

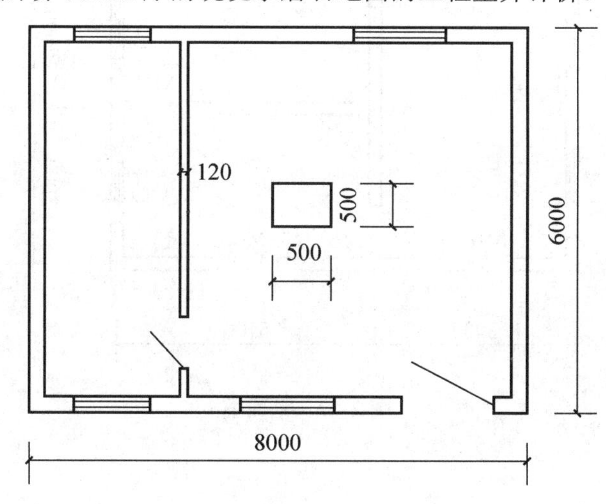

图 2-16　水磨石地面示意图

【案例分析】

(1) 列项。

现浇水磨石地面(AL0036)、现浇水磨石地面酸洗打蜡(AL0038)。

(2) 计算工程量。

整体面层及找平层工程量按设计图示尺寸以面积计算，不扣除柱、垛、间壁墙、附墙烟囱及面积在 0.3m^2 以内孔洞所占的面积。

现浇水磨石地面工程量为：(8−0.24)×(6−0.24) =44.7(m^2)。

(3) 套用计价定额。

计算结果见表 2-3。

表 2-3 计算结果

序号	定额编号	项目名称	计量单位	工程量	综合单价/元	合价/元
1	AL0036	现浇水磨石地面	$100m^2$	0.45	14476.37	6470.94
2	AL0038	现浇水磨石地面酸洗打蜡	$100m^2$	0.45	787.27	354.27
合计						6825.21

【案例 2-4】某建筑平面如图 2-17 所示，墙的厚度为 240mm，若室内铺设 610mm×92mm×18mm 实木地板，柚木 UV 漆板、四面企口，木龙骨 50mm×30mm×500mm，试计算木地板地面的工程量并计价。(门窗尺寸 M-1：1000mm×2000mm；M-2：1200mm×2000mm；M-3：900mm×2400mm；C-1：1500mm×1500mm；C-2：1800mm×1500mm；C-3：3000mm×1500mm)。

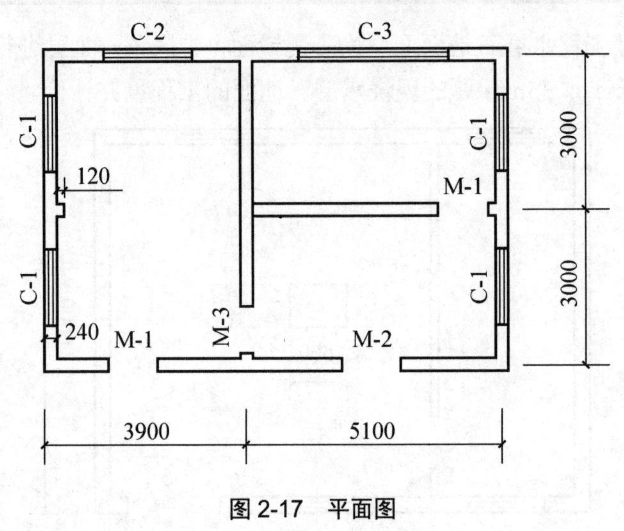

图 2-17 平面图

【案例分析】

(1) 列项。

木地板地面(LA0031)。

(2) 计算工程量。

木材料面层按设计图示面积以 m^2 计算。门洞、空圈、暖气包槽、壁龛的开口部分并入相应的工程量内。

木地板地面的工程量=地面工程量+门洞口部分的工程量

$=(3.9-0.24)(3+3-0.24)+(5.1-0.24)(3-0.24)\times2+(1\times2+1.2+0.9)\times0.24$

$=47.91+0.984=48.89(m^2)$

(3) 套用计价定额。

计算结果见表 2-4。

表 2-4　计算结果

序号	定额编号	项目名称	计量单位	工程量	综合单价/元	合价/元
1	LA0031	木地板地面	$10m^2$	4.89	438.81	2145.34
合计						2145.34

【案例 2-5】某酒店大厅铺贴 800mm×800mm 的黑色大理石板，其中有一块拼花，如图 2-18 所示，试计算其定额工程量并计价。

【案例分析】

(1) 列项。

拼花地面(LA0003)、大理石板地面(LA0001)。

(2) 计算工程量。

楼地面拼花的工程量应单独分开计算。

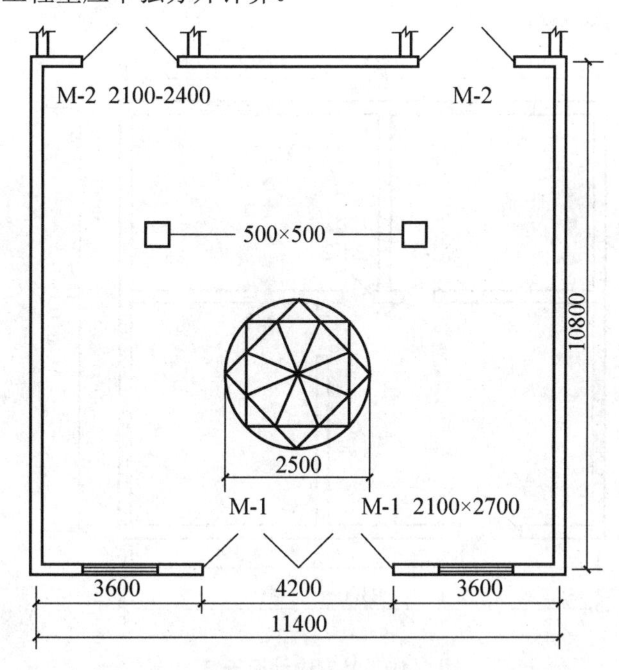

图 2-18　某大厅平面图

① 拼花的工程量为：2.5×2.5=6.25(m^2)。

② 拼花之外其他的工程量=大厅平面净面积+门洞面积(门 M-1、M-2)

-拼花工程量-柱子所占面积

=[(11.4−0.24)×(10.8−0.24)+4.2×0.24+2.1×0.24×2−6.25−0.5×0.5×2]

=111.78(m^2)

(3) 套用计价定额。

计算结果见表 2-5。

表 2-5 计算结果

序号	定额编号	项目名称	计量单位	工程量	综合单价/元	合价/元
1	LA0003	拼花地面	$10m^2$	0.63	2003.14	1251.96
2	LA0001	大理石板地面	$10m^2$	11.18	1683.22	18815.03
3	LA0081	石材底面刷养护液	$10m^2$	11.81	92.94	1097.62
4	LA0082	石材表面刷养护液	$10m^2$	11.81	60.57	715.33
合计						21879.94

【案例 2-6】某工程室内地面如图 2-19 所示，室内地面铺贴陶瓷锦砖(马赛克)面层，试计算其工程量并计价(墙厚：240mm；墙体抹灰厚：20mm；M-1：1500×2100；M-2：1200×2100)。

【案例分析】

(1) 列项。

陶瓷锦砖地面(LA0022)。

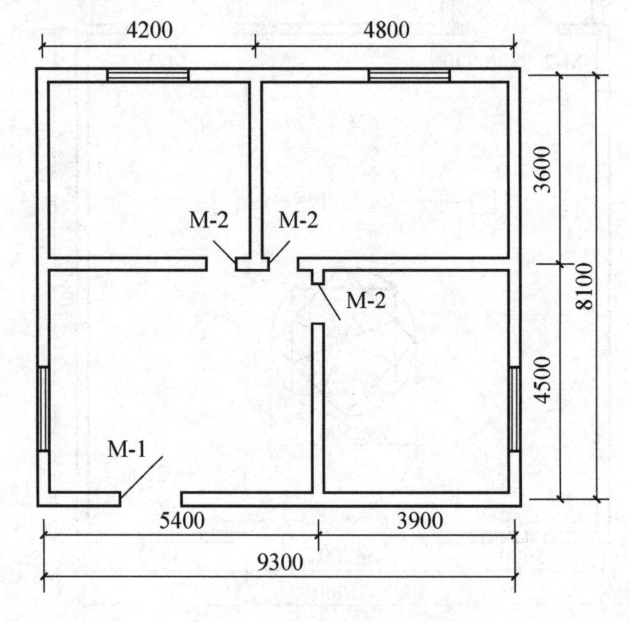

图 2-19 某室内地面示意图

(2) 计算工程量。

块料面层按设计图示面积以 m^2 计算。门洞、空圈、暖气包槽、壁龛的开口部分并入相应的工程量内。

室内地面铺贴陶瓷锦砖面层的工程量

=室内净面积+门洞面积(门 M-1 有 1 个，M-2 有 3 个)

=(4.2−0.24)×(3.6−0.24)+(4.8−0.24)×(3.6−0.24)+(5.4−0.24)×(4.5−0.24)+(3.9−0.24)×(4.5−0.24)+(1.5×0.24+1.2×0.24×3)

=(13.31+15.32+21.98+15.59+1.22)

=67.42(m^2)

(3) 套用计价定额。

计算结果见表 2-6。

表 2-6 计算结果

序号	定额编号	项目名称	计量单位	工程量	综合单价/元	合价/元
1	LA0022	陶瓷锦砖地面	$10m^2$	6.74	1078.19	7269.16
合计						7269.16

【案例 2-7】某办公楼二层房间(不包括卫生间、厨房)及走廊平面图如图 2-20 所示，试计算水泥砂浆粘贴的石材踢脚线工程量并计价(注：M-1：900×2100 M-2：1000×2100)。

【案例分析】

(1) 列项。

石材踢脚线(LA0044)。

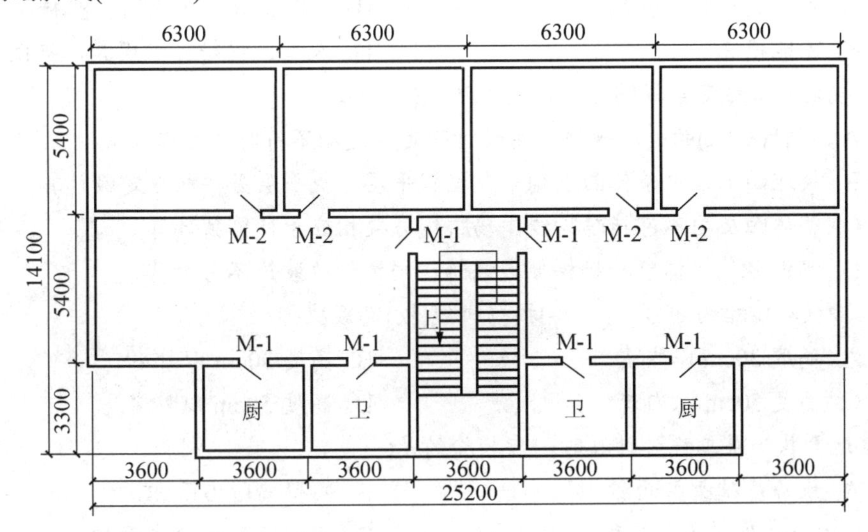

图 2-20 某办公楼二楼示意图

(2) 计算工程量。

踢脚线按设计图示尺寸以“延长米”计算。计算房间和走廊的长度，其中需要扣除 M-1 的门 6 个、M-2 的门 4 个。

石材踢脚线工程量为：$(6.3-0.24+5.4-0.24)\times2\times4+(5.4-0.24+3.6\times3-0.24)\times2\times2-6\times0.9-4\times1=114.44$(m)。

(3) 套用计价定额。

计算结果见表 2-7。

表 2-7 计算结果

序号	定额编号	项目名称	计量单位	工程量	综合单价/元	合价/元
1	LA0044	石材踢脚线	10m	11.44	289.77	3316.13
合计						3316.13

思考与训练

一、单项选择题

1. 踢脚线工程量按(　　)计算。

   A. 实贴长乘高以 m^2　　B. 实贴长度

   C. 实贴面积乘厚度以 m^3　　D. 实贴面积或实贴长度

2. 块料图案周边异型铺贴材料的损耗率按(　　)计算。

   A. 1.5%　　B. 2.0%

   C. 2.5%　　D. 现场实际情况

3. 楼地面工程中，水泥砂浆、混凝土等的配合比与设计不同时，(　　)。

   A. 人、材、机用量均可换算　　B. 可以换算，但人工、机械不变

   C. 不能换算　　D. 人工、材料可以换算，机械不变

4. 按楼地面工程定额说明，错误的说法是(　　)。

   A. 栏杆(栏板)的材料规格用量设计规定与定额不符时，可以换算

   B. 楼地面工程中整体面层均未包括找平层，找平层另按相应定额计算

   C. 整体面层均不包括踢脚线，踢脚线另按相应子目单独计算

   D. 水泥砂浆楼梯包括楼梯侧边装饰，楼梯侧边装饰不另计算

5. 踢脚板与墙裙的划分：(　　)按踢脚线(板)定额执行。

   A. 高度 30cm 以内者　　B. 高度 30cm 以外者

   C. 高度 50cm 以内者　　D. 高度 50cm 以外者

6. 楼地面找平层工程量计算时，应扣除的是(　　)。

   A. 设备基础所占面积　　B. 间壁墙所占面积

   C. 0.3m^2 孔洞所占面积　　D. 突出墙面柱所占面积

7. 现浇水磨石楼梯的工程量是按(　　)计算。

   A. 水磨石实际面积

   B. 扣除休息平台的楼梯水平投影面积

   C. 水磨石实际体积

   D. 包括踏步、休息平台等在内的水平投影面积

8. 台阶装饰面层工程量(　　)计算。

   A. 按踏步的水平投影面积

   B. 包括踏步及最上一层踏步外沿 300mm 按水平投影面积

   C. 按台阶的展开面积

   D. 包括踏步及最上一层踏步外沿 150mm 按水平投影面积

二、实务题

1. 某单层建筑的平面图如图 2-21 所示。内外砖墙厚度为 240mm；M-1：1.8m×2.4m，C-1：1.5m×1.8m；柱 *Z* 断面为 300mm×300mm；1∶3 水泥砂浆找平层 15mm 厚；1∶2.5 白水泥色石子现浇水磨石地面 15mm 厚，铜条分隔。试计算：找平层的工程量；现浇水磨石地面的工程量；确定定额项目。

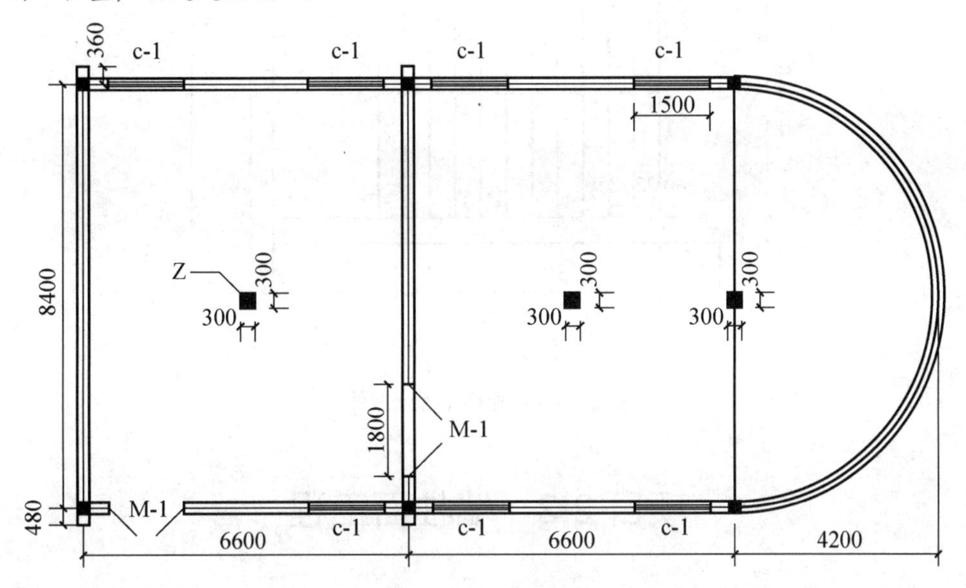

图 2-21 平面示意图

2. 若上题的建筑物，地面做法：1∶2.5 水泥砂浆 20mm 厚，铺设大理石板(不分色)，边界至门扇外表面下(门居中，门框料厚度为 80mm)；大理石踢脚板高度为 150mm。试计算：大理石板地面、踢脚板工程量；确定定额项目。

3. 某建筑物如图 2-22 所示。房间地面做法为找平层：C20 细石混凝土 30mm 厚；面层为水泥砂浆粘贴规格块料点缀地面，规格块料为 500mm×500mm 浅色花岗岩地面，点缀 100m× 100mm 深色花岗岩。试计算工程量，确定定额项目。

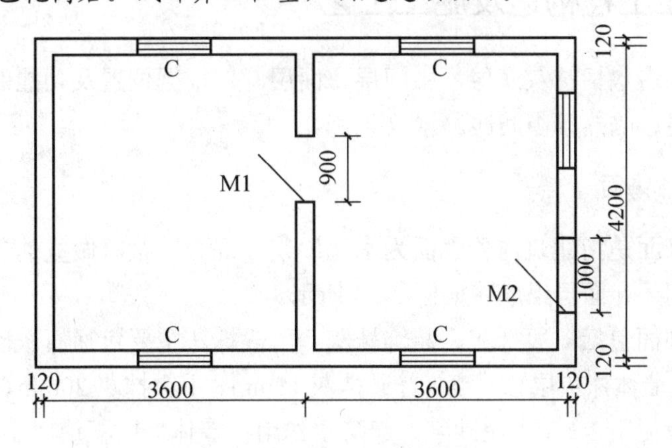

图 2-22 房间平面示意图

4. 某5层住宅楼，共3个单元，平行双跑楼梯如图2-23所示，楼梯面层为30mm厚的1∶3干硬性水泥砂浆粘贴花岗石板。试计算工程量，确定定额项目。

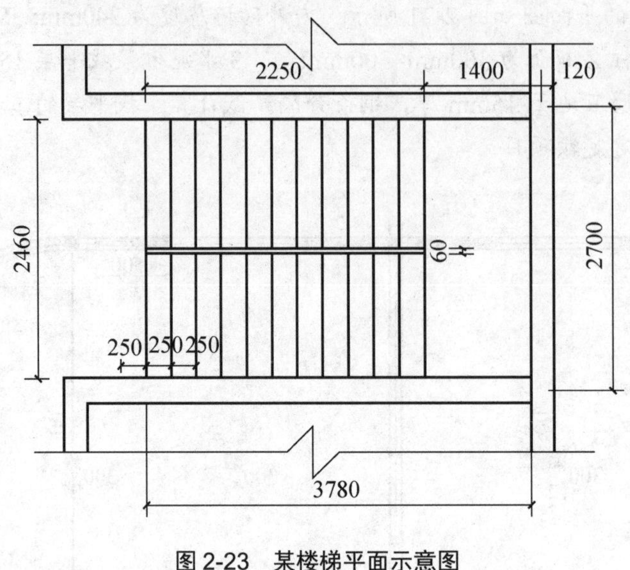

图2-23　某楼梯平面示意图

项目2.2　墙柱面工程

能力标准：

- 了解墙柱面工程的施工工艺。
- 会进行墙柱面工程定额工程量的计算。
- 会查套定额项目并进行费用的计算。
- 会依据规定对定额项目进行调整换算。

2.2.1　墙柱面工程构造及施工工艺

墙体饰面的构造包括抹灰底层、中间层、面层。但根据位置及功能的要求，还可增加防潮、防腐、保温、隔热等中间层。

1. 抹灰类墙体饰面

抹灰类墙体饰面是指建筑内外表面为水泥砂浆、混合砂浆等做成的各种饰面抹灰层。一般由底层、中间层、面层组成，如图2-24所示。

抹灰类墙体饰面包括一般抹灰、装饰抹灰。一般抹灰主要包括石灰砂浆、混合砂浆、水泥砂浆等。一般墙体抹灰层总厚度：普通抹灰18mm、中级抹灰20mm、高级抹灰25mm。卫生间及厨房一般使用1∶3水泥砂浆，起防水作用；墙体大面积使用1∶3混合砂浆，易粉刷。装饰抹灰有水刷石、干黏石、斩假石、水泥拉毛等，有喷涂、弹涂、刷涂、拉毛、扫毛等几种做法。水刷石和斩假石饰面构造层次分别如图 2-25 和图 2-26 所示。

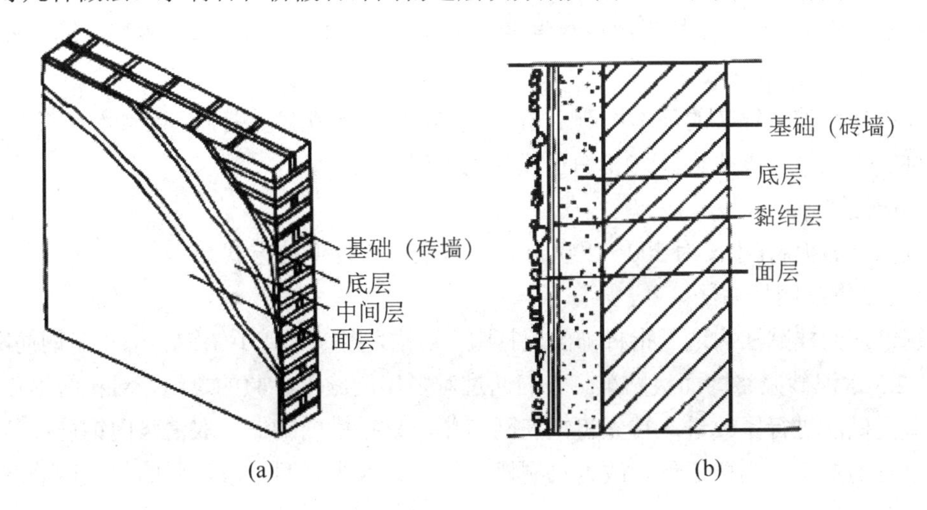

图 2-24 抹灰类墙体饰面构造层次

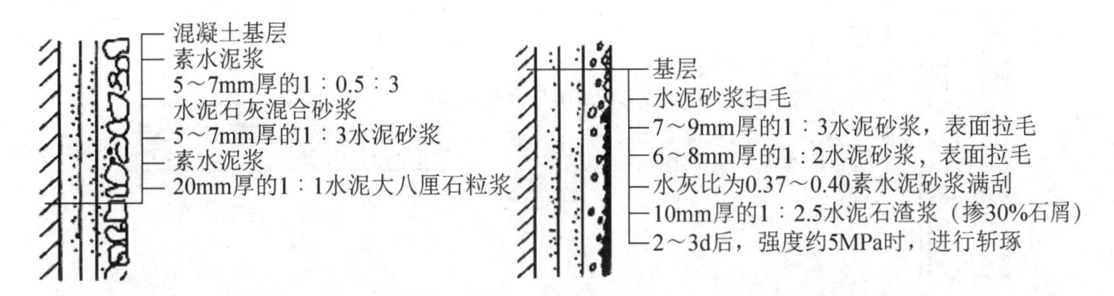

图 2-25 水刷石饰面构造层次　　图 2-26 斩假石饰面构造层次

2. 涂料类墙体饰面

涂料类墙体饰面是在墙面已有的基层上刮腻子找平，然后涂刷选定的建筑装饰涂料所形成的一种饰面。一般分 3 层，即底层、中间层、面层。

建筑装饰涂料按化学组分可分为无机高分子涂料和有机高分子涂料。常用的有机高分子涂料有溶剂型涂料、乳液型涂料、水溶性涂料三类。

普通无机高分子涂料如白灰浆、大白浆，用于标准的室内装修；无机高分子涂料有 JH80-1 型、JH80-2 型、JHN84-1 型、F832 型等，多用于外墙装饰和有擦洗要求的内墙装饰。

3. 贴面类墙体饰面

一些天然的或人造的材料根据材质加工成大小不同的块材后，在现场通过构造连接或镶贴于墙体表面，由此形成的墙饰面称为贴面类墙体饰面。其按工艺形式不同分为直接镶贴饰面、贴挂类饰面。

1) 直接镶贴饰面

直接镶贴饰面构造比较简单，大体上由底层砂浆、粘贴层砂浆和块状贴面材料面层组成。常见的直接镶贴饰面材料有面砖、瓷砖、陶瓷锦砖、玻璃锦砖等。

面砖的基本构造：用 15mm 厚的 1∶3 水泥砂浆打底，黏结砂浆为 10mm 厚的 1∶0.2∶2.5 水泥石灰混合砂浆。贴好后用清水将表面擦洗干净，3∶1 白色水泥砂浆嵌缝。外墙面砖饰面构造如图 2-27 所示。

陶瓷锦砖和玻璃锦砖的基本构造：15mm 厚的 1∶3 水泥砂浆打底，刷素水泥浆(加水泥重量 5%的 108 胶)一道粘贴，3∶1 白色或彩色水泥砂浆嵌缝。

2) 贴挂类饰面

大规格饰面板材(边长为 500～2000mm)通常采用“挂”的方式。

(1) 传统钢筋网挂贴法。

传统钢筋网挂贴法构造是指将饰面板打眼、剔槽，用钢丝或不锈钢丝绑扎在钢筋网上，再灌 1∶2.5 水泥砂浆将饰面板贴牢。人们通过对多年的施工经验的总结，对传统钢筋网挂贴法构造及做法进行了改进：首先将钢筋网简化，只拉横向钢筋，取消竖向钢筋；其次，对加工艰难的打眼、剔槽工作，改为只剔槽、不打眼或少打眼。改进后的传统钢筋网挂贴法构造如图 2-28 所示。

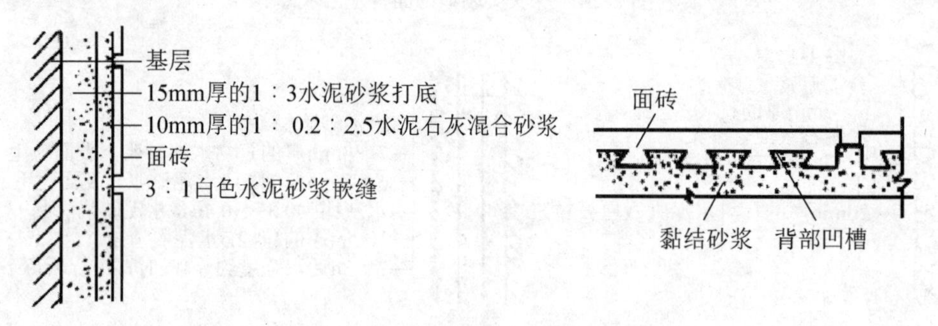

图 2-27　外墙面砖饰面构造

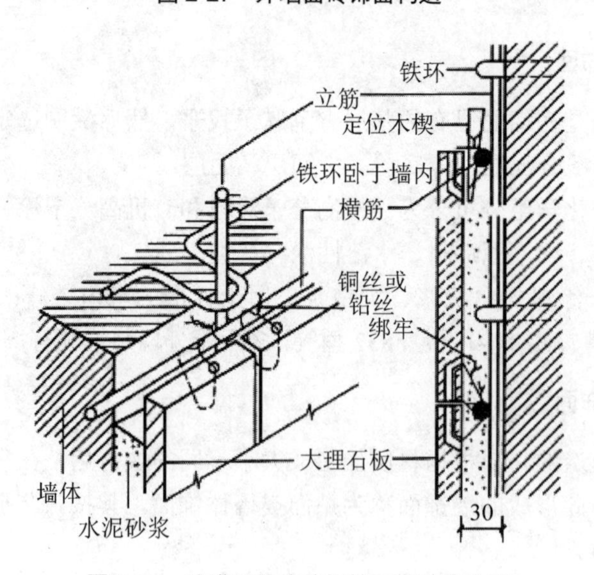

图 2-28　改进后的传统钢筋网挂贴法构造

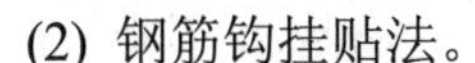

(2) 钢筋钩挂贴法。

钢筋钩挂贴法又称挂贴楔固法。它与传统钢筋网挂贴法的不同之处是将饰面板以不锈钢钩直接楔固于墙体上。

(3) 干挂法。

干挂法是用高强度螺栓和耐腐蚀、高强度的柔性连接件将饰面板直接吊挂于墙体上或空挂于钢骨架上的构造做法，不需要再灌浆粘贴。饰面板与结构表面之间有 80～90mm 距离。石材干挂构造如图 2-29 所示。

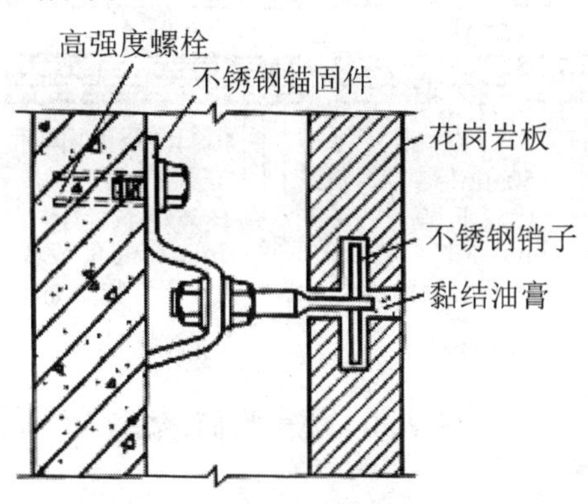

图 2-29 石材干挂构造

4. 罩面板类墙体饰面

罩面板类墙体饰面主要指用木质、金属、玻璃、塑料、石膏等材料制成的板材作为墙体饰面材料。

1) 木质罩面板饰面

它分为木骨架和木板两部分。木质罩面板材料的类型主要有胶合板、纤维板、细木工板、刨花板、木丝板、微薄木、实木等。

2) 金属板饰面

金属板饰面采用一些轻金属，如铝、铝合金、不锈钢、铜等制成薄板，或在薄钢板的表面进行搪瓷、烤漆、喷漆、镀锌、覆盖塑料的处理等做成的墙面饰面板。

金属薄板由于材料品种不同、所处部位不同，因而构造连接方式也有所变化，通常有两种方式较为常见：一是直接固定，将金属薄板用螺栓直接固定在型钢上；二是利用金属薄板拉伸、冲压成型的特点，做成各种形状，然后将其压卡在特制的龙骨上。

3) 玻璃墙饰面

玻璃墙饰面是指选用普通平板镜面玻璃或茶色、蓝色、灰色的镀膜镜面玻璃等做墙面。

玻璃墙饰面的构造做法：首先在墙基层上设置一层隔气防潮层；然后按要求立木筋，间距按玻璃尺寸做成木框格，木筋上钉一层胶合板或纤维板等衬板；最后将玻璃固定在木边框上。玻璃墙饰面构造如图 2-30 所示。

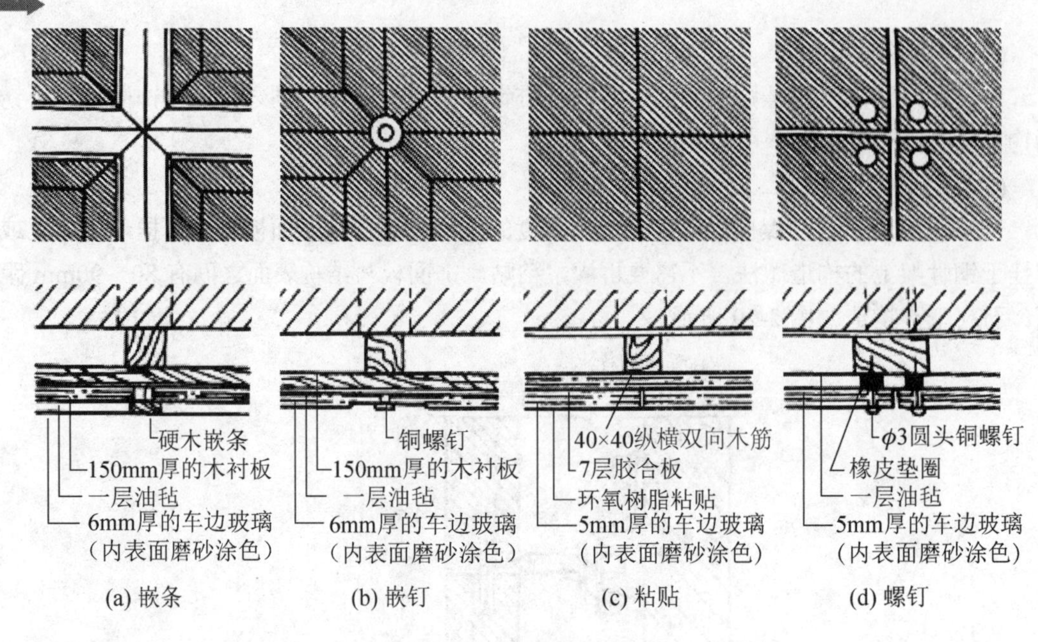

图 2-30　玻璃墙饰面构造

4) 其他罩面板饰面

(1) 万通板。

万通板的学名是聚丙烯装饰板，具有重量轻、防火、防水、防老化等特点。用于墙面装饰的万通板规格有 1000mm×2000mm、1000mm×1500mm，板厚有 2mm、3mm、4mm、5mm、6mm 多种。万通板的一般构造做法是在墙上涂刷防潮剂，钉木龙骨，然后将万通板粘贴于龙骨上。

(2) 纸面石膏板。

纸面石膏板是以熟石膏为主要原料，掺以适量纤维及添加剂，再以特制纸为护面，通过专门生产设备加工而成的板材。纸面石膏板内墙装饰构造有两种：一种是直接贴墙做法；另一种是在墙体上涂刷防潮剂，然后铺设龙骨(木龙骨或轻钢龙骨)，将纸面石膏板镶钉或粘于龙骨上，最后进行板面修饰。

(3) 夹心墙板。

夹心墙板通常由两层铝或铝合金板中间夹聚苯乙烯泡沫或矿棉芯材构成，具有强度高、韧性好、保温、隔热、防火等特点。其表面经过耐色光或 PVF 滚涂处理，颜色丰富，不变色，不褪色。夹心墙板构造采用专门的连接件将板材固定于龙骨或墙体上。

5. 裱糊与软包墙体饰面

裱糊与软包墙体饰面采用柔性装饰材料，利用裱糊、软包方法所形成的一种内墙面饰面。

1) 壁纸裱糊墙体饰面

各种壁纸均应粘贴在具有一定强度、表面平整、光洁、干净及不疏松掉粉的基层上。一般构造做法如下(以砖墙基层为例)。

(1) 抹底灰：在墙体上抹 13mm 厚的 1∶0.3∶3 水泥石灰混合砂浆打底扫毛，两遍成活。

(2) 找平层：抹 5mm 厚的 1∶0.3∶2.5 水泥石灰混合砂浆找平层。

(3) 刮腻子：刮腻子 2～3 遍，砂纸磨平。

(4) 封闭底层：涂封闭乳液底涂料(封闭乳胶漆)一道，或涂 1∶1 稀释的 108 胶水一遍。

(5) 防潮底漆：薄涂酚醛清漆∶汽油=1∶3 的防潮底漆一道(无防潮要求时此工序省略)。

(6) 刷胶：壁纸和抹灰表面应同时均匀刷胶，胶可按 108 胶∶羧甲基纤维素(俗称化学糨糊) ∶水= 100∶6∶60，质量比调配(过筛去渣)或采用成品壁纸胶。

(7) 裱糊壁纸：裱糊工艺有搭接法、拼缝法等，应特别注意搭接、拼缝和对花的处理。

2) 丝绒和锦缎裱糊墙体饰面

丝绒和锦缎是一种高级墙面装饰材料，其特点是绚丽多彩、质感温暖、典雅精致、色泽自然逼真，属于较高级的饰面材料，仅用于室内高级装修。但其材料较柔软、易变形、不耐脏，在潮湿环境中易霉变，故其应用受到很大限制。

3) 软包墙体饰面

软包墙体饰面由底层、吸音层、面层三大部分组成。

(1) 底层。

底层采用阻燃型胶合板、FC 板、埃特板等。FC 板或埃特板是以天然纤维、人造纤维或植物纤维与水泥等为主要原料，经烧结成型、加压、养护而成，比阻燃型胶合板的耐火性能高一级。

(2) 吸音层。

吸音层采用轻质不燃、多孔材料，如玻璃棉、超细玻璃棉、自熄型泡沫塑料等。

(3) 面层。

面层必须采用阻燃型高档豪华软包面料，常用的有人造皮革、特维拉 CS 豪华防火装饰布、针刺起绒、背面深胶阻燃型豪华装饰布及其他全棉、涤棉阻燃型豪华软质面料。

软包墙体饰面主要有吸声层压钉面料和胶合板压钉面料两种做法。

6. 柱面装饰

柱面装饰所用材料与墙体饰面所用材料基本相似，如木饰面板(柚木、橡木、榉木、胡桃木)、金属饰面板(不锈钢、铝合金、铜合金、铝塑饰面板)、石材饰面板(大理石、花岗岩)等。

大部分柱面的装饰构造与墙面基本类似。图 2-31 所示为几种常见柱面装饰构造。

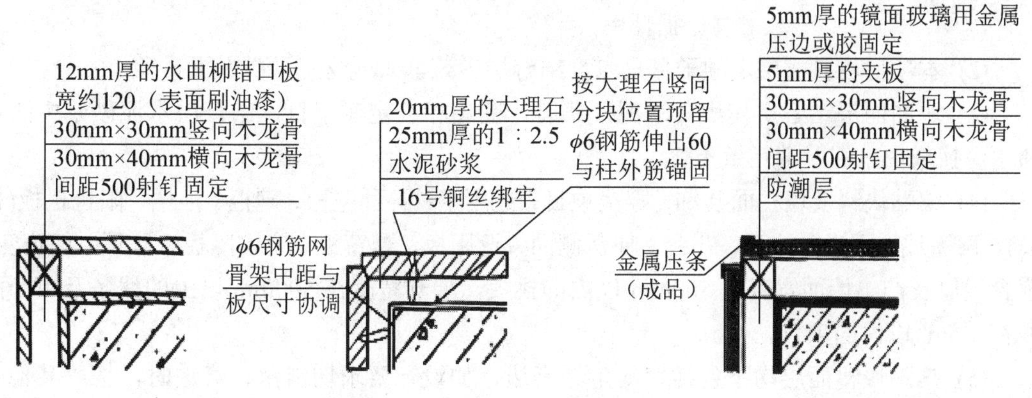

图 2-31 几种常见柱面装饰构造

2.2.2 定额说明与解释

1. 装饰抹灰

(1) 本项目中的砂浆种类、配合比，如设计或经批准的施工组织设计与定额规定不同时，允许调整，人工、机械不变。

(2) 本项目中的抹灰厚度如设计与定额规定不同时，允许调整。

(3) 本项目中的抹灰子目中已包括按图集要求的刷素水泥浆和建筑胶浆，不含界面剂处理，如设计要求时，按相应子目执行。

(4) 抹灰中“零星项目”适用于：各种天沟、扶手、花台、梯帮侧面，以及凸出墙面宽在500mm以内的挑板、展开宽度在500mm以上的线条及单个面积在0.5m^{2}以内的抹灰。

(5) 弧形、锯齿形等不规则墙面抹灰按相应定额子目，人工乘以系数1.15，材料乘以系数1.05。

(6) 如设计要求混凝土面需凿毛时，其费用另行计算。

(7) 墙面面砖专用勾缝剂勾缝块料面层规格是按周长1600mm考虑的，当面砖周长小于1600mm时，按定额执行；当面砖周长大于1600mm时，按定额项目乘以系数0.75执行。

(8) 墙面面砖勾缝宽度与定额规定不同时，勾缝剂耗量按缝宽比例进行调整，人工不变。

(9) 柱面采用专用勾缝剂套用墙面勾缝相应定额子目，人工乘以系数1.15，材料乘以系数1.05。

2. 块料面层

(1) 镶贴块料子目中，面砖分别按缝宽5mm和密缝考虑，如灰缝宽度不同，其块料及灰缝材料(水泥砂浆1∶1)用量允许调整，其余不变。调整公式为(面砖损耗率及砂浆损耗率详见损耗率表)

$$10m^2\text{块料用量}=10m^2\times(1+\text{损耗率})\div[(\text{块料长}+\text{灰缝宽})\times(\text{块料宽}+\text{灰缝宽})]$$

$$10m^2\text{灰缝砂浆用量}=(10m^2-\text{块料长}\times\text{块料宽}\times10m^2\text{相应灰缝的块料用量})\times\text{灰缝深}\times(1+\text{损耗率})$$

(2) 本项目块料面层定额子目只包含结合层砂浆，未包含基层抹灰面砂浆。

(3) 块面面层结合层使用白水泥砂浆时，套用相应定额子目，结合层水泥砂浆中的普通水泥换成白水泥，消耗量不变。

(4) 镶贴块料及墙柱面装饰“零星项目”适用于：各种壁柜、碗柜、池槽、阳台栏板(栏杆)、雨篷线、天沟、扶手、花台、梯帮侧面、遮阳板、飘窗板、空调隔板、压顶、门窗套、窗台线以及凸出墙面宽度在500mm以内的挑板、展开宽度在500mm以上的线条及单个面积在0.5m^{2}以内的项目。

(5) 镶贴块料面层均不包括切斜角、磨边，如设计要求切斜角、磨边时，按“其他工程”章节相应定额子目执行。弧形石材磨边人工乘以系数1.3；直形墙面贴弧形图案时，其弧形部分块料损耗按实调整，弧形部分每100m增加人工6工日。

(6) 弧形墙柱面贴块料及饰面时，按相应定额子目执行，人工乘以系数1.15，材料乘以系数1.05，其余不变。

(7) 弧形墙柱面干挂石材或面砖钢骨架基层时，按相应定额子目执行，人工乘以系数1.15，材料乘以系数1.05，其余不变。

(8) 墙柱面贴块料高度在300mm以内者，按踢脚板定额子目执行。

(9) 干挂定额子目仅适用于室内装饰工程。

3. 其他饰面

(1) 本项目定额子目中龙骨(骨架)材料消耗量，如设计用量与定额取定用量不同时，材料消耗量应予调整，其余不变。

(2) 墙面木龙骨基层是按双向编制的，如设计为单向时，人工乘以系数0.55。

(3) 隔墙(间壁)、隔断(护壁)面层定额子目均未包括压条、收边、装饰线(板)，如设计要求时，按相应定额子目执行。

(4) 墙柱面饰面板拼色、拼花按相应定额子目执行人工乘以系数1.5，材料耗量允许调整，机械不变。

(5) 木龙骨、木基层均未包括刷防火涂料，如设计要求时，按相应定额子目执行。

(6) 墙柱面饰面高度在300mm以内者，按踢脚板定额执行。

(7) 外墙门窗洞口侧面及顶面(底面)的饰面面层工程量并入相应墙面。

(8) 装饰钢构架适用于屋顶平面或立面起装饰作用的钢构架。

(9) 零星钢构件适用于台盆、浴缸、空调支架及质量在50kg内的单个钢构件。

(10) 铁件、金属构件除锈是按手工除锈编制的，若采用机械(喷砂或抛丸)除锈时，执行金属构件章节中相应定额子目。

(11) 铁件、金属构件已包含刷防锈漆一遍，若设计需要刷第二遍或多遍防锈漆时，按相应定额子目执行。

(12) 铝塑板、铝单板定额子目仅适用于室内装饰工程。

4. 幕墙、隔断

(1) 铝合金明框玻璃幕墙是按120系列、隐框和半隐框玻璃幕墙是按130系列、铝塑板(铝板)幕墙是按110系列编制的。幕墙定额子目在设计与定额材料消耗量不同时，材料允许调整，其余不变。

(2) 玻璃幕墙设计有开窗者，并入幕墙面积计算，窗型材、窗五金用量相应增加，其余不变。

(3) 点支式支撑全玻璃幕墙定额子目不包括承载受力结构。

(4) 每套不锈钢玻璃爪包括驳接头、驳接爪、钢底座。定额不分爪数，设计不同时可以换算，其余不变。

(5) 玻璃幕墙中的玻璃是按成品玻璃编制的；幕墙中的避雷装置已综合，幕墙的封边、封顶按本项目相应定额项目执行，封边、封顶材料与定额不同时，材料允许调整，其余不变。

(6) 斜面幕墙指倾斜度超过 5%的幕墙，斜面幕墙按相应幕墙定额子目人工、机械乘以系数 1.05 执行，其他不变；曲面、弧形幕墙按相应幕墙定额子目人工、机械乘以系数 1.2 执行，其余不变。

(7) 干挂石材幕墙和金属板幕墙定额子目适用于按照《金属与石材幕墙技术规范》(JGJ 133—2013)、《建筑装饰装修工程质量验收规范》(JB 50210—2001)进行设计、施工、质量检测和验收的室外围护结构或室外墙、柱、梁装饰干挂石材面和金属板面。室内干挂石材如采用《金属与石材幕墙技术规范》(JGJ 133—2013)，执行石材幕墙定额。

(8) 定额钢材消耗量不含钢材镀锌层增加质量。铝合金型材消耗量为铝合金型材理论净重，不含包装增加质量。

2.2.3 工程量计算规则

1. 装饰抹灰

(1) 内墙面、墙裙抹灰工程量均按设计结构面积(有保温、隔热、防潮层者按其外表面尺寸)以 m^2 计算。应扣除门窗洞口和单个面积大于 $0.3m^2$ 的空圈所占的面积，不扣除踢脚板、挂镜线及单个面积在 $0.3m^2$ 以内的孔洞和墙与构件交接处的面积，但门窗洞口、空圈、孔洞的侧壁和顶面(底面)面积也不增加。附墙柱(含附墙烟囱)的侧面抹灰应并入墙面、墙裙抹灰工程量内计算。

(2) 内墙面、墙裙的抹灰长度以墙与墙间的图示净长计算。其高度按下列规定计算。

① 无墙裙的，其高度按室内地面或楼面至天棚底面之间距离计算。

② 有墙裙的，其高度按墙裙顶至天棚底面之间距离计算。

③ 有吊顶天棚的内墙抹灰，其高度按室内地面或楼面至天棚底面另加 100mm 计算(有设计要求的除外)。

(3) 外墙抹灰工程量按设计结构面积(有保温、隔热、防潮层者按其外表面尺寸)以 m^2 计算。应扣除门窗洞口、外墙裙(墙面与墙裙抹灰种类相同者应合并计算)和单个面积大于 $0.3m^2$ 的孔洞所占面积，不扣除单个面积在 $0.3m^2$ 以内的孔洞所占面积，门窗洞口及孔洞的侧壁、顶面(底面)面积也不增加。附墙柱(含附墙烟囱)侧面抹灰面积应并入外墙面抹灰工程量内。

(4) 柱抹灰按结构断面周长乘以抹灰高度以 m^2 计算。

(5) 装饰抹灰分格、填色按设计图示展开面积以 m^2 计算。

(6) 零星项目的抹灰按设计图示展开面积以 m^2 计算。

(7) 单独的外窗台抹灰长度，如设计图纸无规定时，按窗洞口宽两边共加 200mm 计算。

2. 块料面层

(1) 墙柱面块料面层，按设计饰面层实铺面积以 m^2 计算，应扣除门窗洞口和单个面积大于 $0.3m^2$ 的空圈所占的面积，不扣除单个面积在 $0.3m^2$ 以内的孔洞所占面积。

(2) 专用勾缝剂工程量计算按块料面层计算规则执行。

3. 其他饰面

墙柱面其他饰面面层，按设计饰面层实铺面积以 m^2 计算，龙骨、基层按饰面面积以 m^2 计算，应扣除门窗洞口和单个面积大于 $0.3m^2$ 的空圈所占的面积，不扣除单个面积在 $0.3m^2$ 以内的孔洞所占面积。

4. 幕墙、隔断

(1) 全玻璃幕墙按设计图示面积以 m^2 计算。带肋全玻璃幕墙的玻璃肋并入全玻璃幕墙内计算。

(2) 带骨架玻璃幕墙按设计图示框外围面积以 m^2 计算。与幕墙同种材质的窗所占面积不扣除。

(3) 金属幕墙、石材幕墙按设计图示框外围面积以 m^2 计算，应扣除门窗洞口面积，门窗洞口侧壁工程量并入幕墙面积计算。

(4) 幕墙定额子目不包含预埋铁件或后置埋件，发生时按实计算。

(5) 幕墙定额子目不包含防火封层，防火封层按设计图示展开面积以 m^2 计算。

(6) 全玻璃幕墙钢构架按设计图示尺寸计算的理论质量以 t 计算。

(7) 隔断按设计图示外框面积以 m^2 计算，应扣除门窗洞口及单个在 $0.3m^2$ 以上的孔洞所占面积，门窗按相应定额子目执行。

(8) 全玻璃隔断的装饰边框工程量按设计尺寸以“延长米”计算，玻璃隔断按框外围面积以 m^2 计算。

(9) 玻璃隔断如有加强肋者，肋按展开面积并入玻璃隔断面积内以 m^2 计算。

(10) 钢构架制作、安装按设计图示尺寸计算的理论质量以 kg 计算。

2.2.4　典型案例分析

【案例 2-8】某砖混结构工程如图 2-32 和图 2-33 所示，内墙面抹 1∶2.5 水泥砂浆底，混合砂浆面层。内墙裙采用 1∶2.5 水泥砂浆打底，水泥砂浆面层。试计算内墙面抹灰工程量并计价。

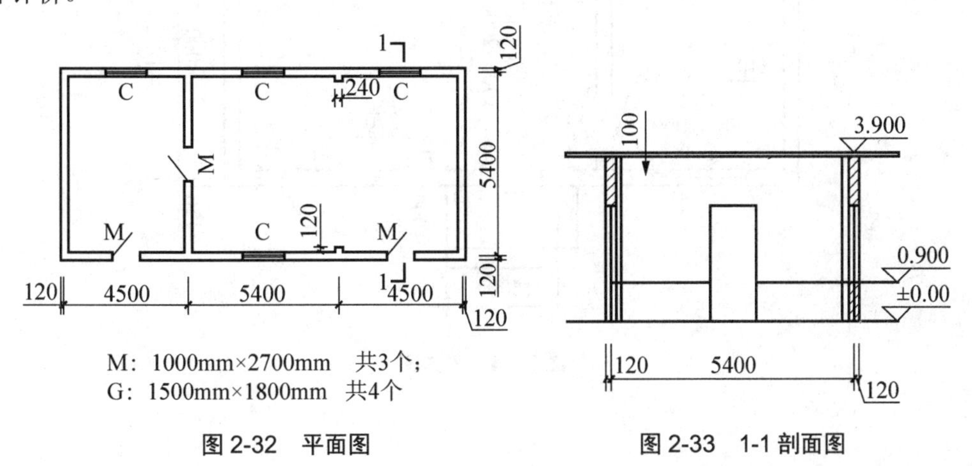

图 2-32　平面图　　图 2-33　1-1 剖面图

【案例分析】

(1) 列项。

混合砂浆内墙面(AM0025)、水泥砂浆内墙裙(AM0001)。

(2) 计算工程量。

由于内墙面和内墙裙的做法不同，需要分别计算。

① 内墙面抹灰工程量=墙面工程量-门、窗洞口工程量

=[(4.50−0.24+5.40−0.24)×2+(9.90−0.24+5.40−0.24)×2+0.12×4]×(3.90−0.10−0.90)−1.00×(2.70−0.90)×4−1.50×1.80×4=123.98(m^2)

② 内墙裙工程量=墙面工程量-门洞口工程量

=[(4.50−0.24 +5.40−0.24)×2+(9.90−0.24+5.40−0.24)×2+0.12×4]−1.00×4]×0.90

=40.46(m^2)

(3) 套用计价定额。

计算结果见表 2-8。

表 2-8　计算结果

序号	定额编号	项目名称	计量单位	工程量	综合单价/元	合价/元
1	AM0025	混合砂浆内墙面	100m^2	1.24	2057.35	2551.11
2	AM0001	水泥砂浆内墙裙	100m^2	0.40	2112.96	845.18
合计						3396.29

【案例 2-9】平房砖墙内墙面抹混合砂浆，如图 2-34 和图 2-35 所示。试计算内墙面抹混合砂浆工程量并计价。

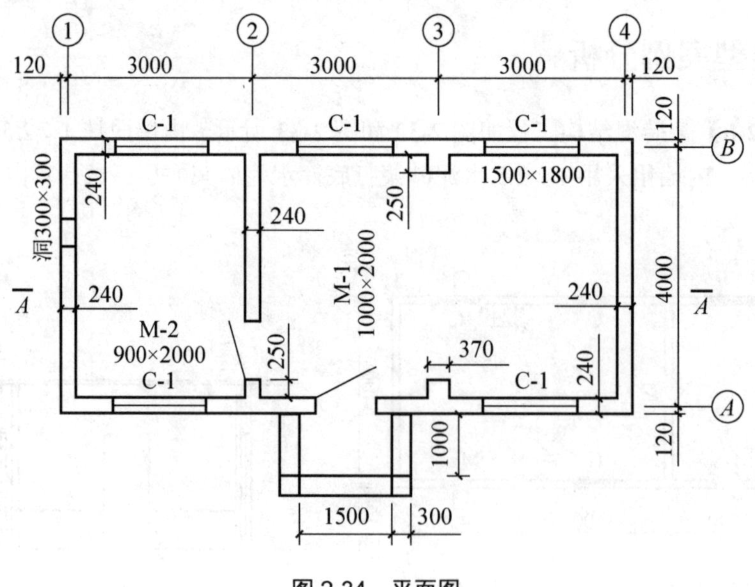

图 2-34　平面图

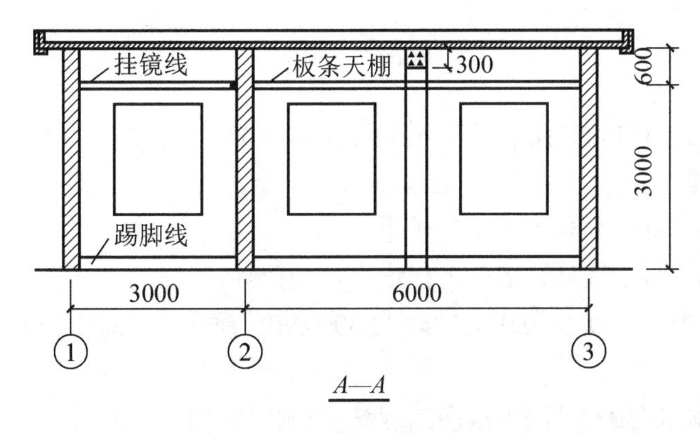

图 2-35　1-1 剖面图

【案例分析】

(1) 列项。

混合砂浆内墙面(AM0025)。

(2) 计算工程量。

内墙面抹水泥砂浆工程量。

无吊顶的房间：{[3−0.12×2+(4−0.12×2)]×2×(3+0.6)−1.5×1.8×2(窗)−0.9×2(门)}=39.744(m^2)。

有吊顶的房间：{[(3×2−0.12×2)×2+(4−0.12×2)×2+0.25×4 侧壁面积]×(3+0.1 有吊顶的天棚净高度另加 100mm)−1.5×1.8×3 窗－0.9×2 门−1×2 门}=50.224(m^2)。

总的内墙抹灰的工程量为 89.97(m^2)。

(3) 套用计价定额。

计算结果见表 2-9。

表 2-9　计算结果

序号	定额编号	项目名称	计量单位	工程量	综合单价/元	合价/元
1	AM0025	混合砂浆内墙面	$100m^2$	0.90	2057.35	1851.00
合计						1851.00

【案例 2-10】某工程平面图和剖面图如图 2-36 和图 2-37 所示，外墙面抹水泥砂浆，底层为 1∶2.5 水泥砂浆打底 14mm 厚，面层为 1∶3 水泥砂浆抹面 6mm 厚；外墙裙为水刷石，1∶3 水泥砂浆打底 15mm 厚，1∶2 水泥白石子浆 10mm 厚。试计算外墙面抹灰和外墙裙工程量并计价(已知墙体为砖墙。M：1000mm×2500mm；C：1200mm×1500mm)。

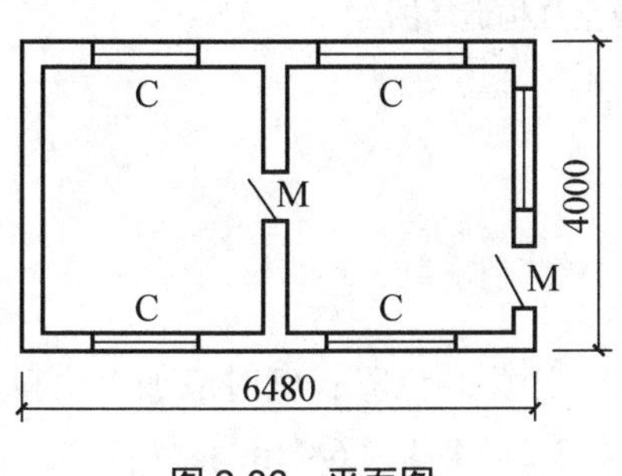

图 2-36　平面图

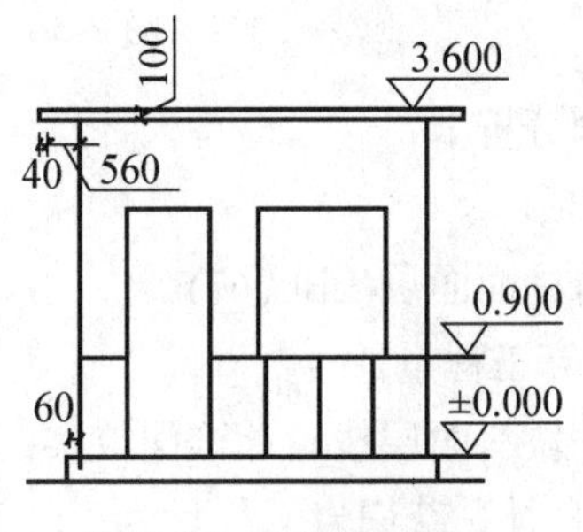

图 2-37　1-1 剖面图

【案例分析】

(1) 列项。

水泥砂浆外墙面(AM0001)、水刷石外墙裙(LB0001)。

(2) 计算工程量。

外墙面和外墙裙做法不同，需要分开计算。

① 外墙面水泥砂浆工程量=墙面工程量-门、窗洞口工程量

=[(6.48+4.00)×2×(3.6−0.10−0.90)−1.00×(2.50−0.90)门面积−1.20×1.50×5 窗面积]×0.1

=71.98(m^2)

② 外墙裙水刷白石子工程量=墙面工程量-门洞口工程量

=[(6.48+4.00)×2−1.00 门宽度]×0.90

=17.97(m^2)

(3) 套用计价定额。

计算结果见表 2-10。

表 2-10 计算结果

序号	定额编号	项目名称	计量单位	工程量	综合单价/元	合价/元
1	AM0001	水泥砂浆外墙面	100m^2	0.72	2935.08	2112.67
2	LB0001	水刷石外墙裙	10 m^2	1.80	504.99	907.47
合计						3020.14

【案例 2-11】某建筑物钢筋混凝土柱 14 根，构造如图 2-38 所示，若柱面采用水泥砂浆粘贴花岗岩面层，试计算工程量并计价。

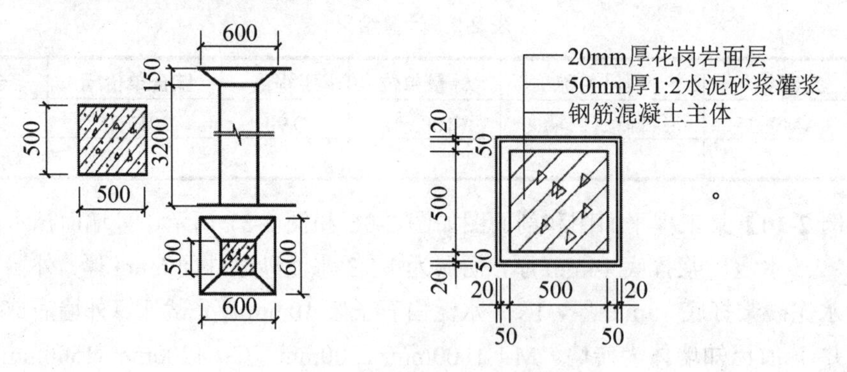

图 2-38 钢筋混凝土柱构造简图

【案例分析】

(1) 列项。

花岗岩柱面面层(LB0067)。

(2) 计算工程量。

柱面贴块料面层按设计饰面层实铺面积以 m^2 计算。计算长度时应加上块料面层厚度。

① 柱身挂贴花岗岩工程量为：(0.5+0.14)×4×3.2×14=114.688(m^2)。

② 花岗岩柱帽工程量按图示尺寸展开面积，本例柱帽为倒置四棱台，即应计算四棱台的斜表面积，公式为

$$四棱台全斜表面积=\frac{1}{2}×斜高×(上面的周边长+下面的周边长)$$

按图示尺寸代入，柱帽展开面积为：$\frac{1}{2}\times\sqrt{0.15^2+0.05^2}\times(0.64\times4+0.74\times4)\times14=6.11(\text{m}^2)$。

③ 柱面、柱帽工程量合并计算，即 114.688+6.11=120.80(m^2)。

(3) 套用计价定额。

计算结果见表 2-11。

表 2-11　计算结果

序号	定额编号	项目名称	计量单位	工程量	综合单价/元	合价/元
1	LB0067	花岗岩柱面面层	10m^2	12.08	2273.05	27458.44
合计						27458.44

思考与训练

一、单项选择题

1. 抹灰工程凡注明砂浆种类、配合比、饰面材料型号规格的，设计与定额不同时，(　　)。

A. 人、材、机用量均可换算　　B. 可以换算，但人工、机械不变

C. 不能换算　　D. 可以换算，但人工数量不变

2. 内墙面、墙裙抹灰面积计算时，应该扣除的部分是(　　)。

A. 踢脚线面积　　B. 挂镜线面积

C. 墙与构件交接处面积　　D. 0.3m^2 孔洞所占面积

3. 内墙面、墙裙抹灰面积计算时，(　　)应并入墙面、墙裙抹灰面积内计算。

A. 孔洞侧壁增加面积　　B. 附墙柱的侧面抹灰

C. 门窗洞口侧壁增加面积　　D. 孔洞的侧壁增加面积

4. 女儿墙(包括泛水、挑砖)内侧抹灰按(　　)计算。

A. 垂直投影面积　　B. 垂直投影面积乘以系数 1.10

C. 垂直投影面积乘以系数 0.90　　D. 垂直投影面积乘以系数 1.25

5. 外墙抹灰面积计算时，(　　)应并入外墙面抹灰面积工程量内。

A. 孔洞侧壁增加面积　　B. 附墙柱的侧面抹灰

C. 门窗洞口侧壁增加面积　　D. 孔洞的侧壁增加面积

6. 定额龙骨按附墙、附柱考虑，若遇设计木龙骨包圆柱，其相应定额项目乘以系数(　　)。

A. 1.20　　B. 1.18　　C. 1.15　　D. 1.10

二、实务题

1. 某建筑的底层平面图和剖面图如图 2-39 和图 2-40 所示。图中砖墙厚度为 240mm。门窗框厚 80mm，居墙中。建筑物层高为 2900mm。M-1：1.8m×2.4m；M-2：0.9m×2.1m；C-1：1.5m× 1.8m，窗台离楼地面高为 900mm。装饰做法：内墙面为 1∶2 水泥砂浆打底，1∶3 石灰砂浆找平，抹面厚度共 20mm；内墙裙做法：1∶3 水泥砂浆打底 18mm，1∶2.5 水泥砂浆面层 5mm。试计算内墙面、内墙裙抹灰工程量，确定定额项目。

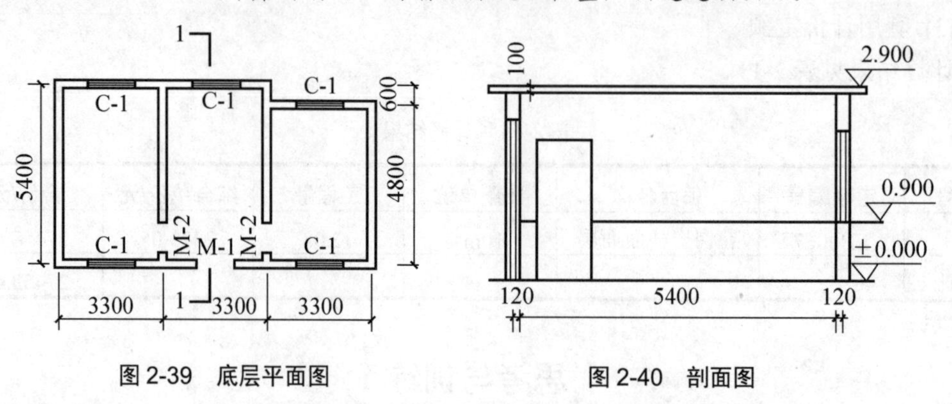

图 2-39　底层平面图　　图 2-40　剖面图

2. 某建筑物平面图和墙体详图如图 2-41 所示。外墙面抹水泥砂浆，底层为 1∶3 水泥砂浆打底 12mm 厚，素水泥浆两遍，1∶1.5 水泥白石子 10mm 厚，分格嵌缝。窗台以下外墙面做法：1∶3 水泥砂浆打底找平，1∶2 水泥砂浆结合层粘贴凹凸假麻石。洞口侧壁为 80mm。试计算外墙面水刷石工程量、外墙裙工程量，确定定额项目(注：外墙墙厚 240mm，楼层层高为 3.3m，M-1：1500×2700，M-2：900×2100，C-1：1500×1800)。

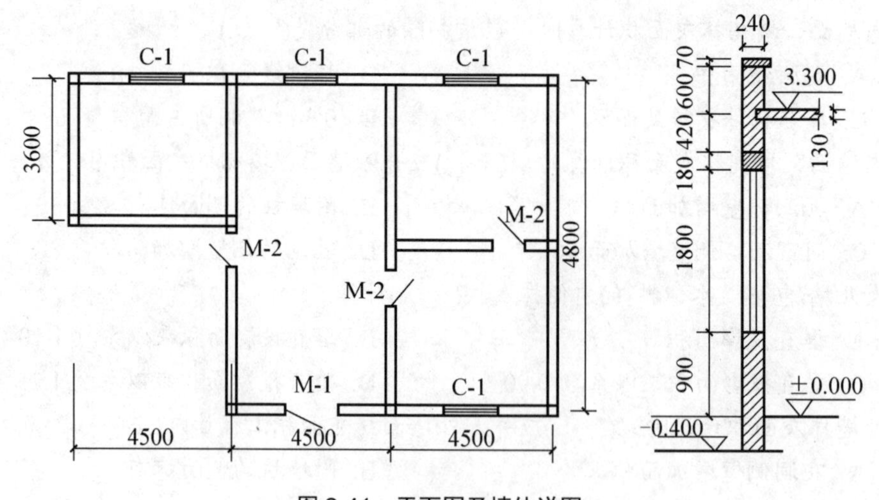

图 2-41　平面图及墙体详图

3. 某银行营业厅室内有 4 根圆柱：木龙骨 30mm×40mm，间距 250mm，成品木龙骨；细木工板基层，镜面不锈钢面层：柱高 3.9m，如图 2-42 所示。计算工程量，确定定额项目。

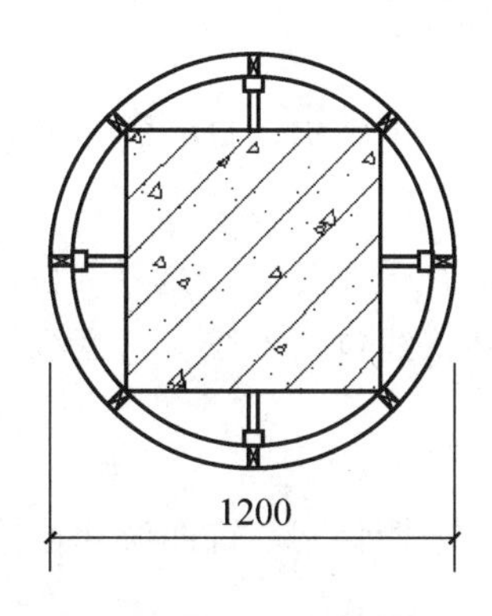

图 2-42　圆柱剖切图

项目 2.3　天 棚 工 程

能力标准：

- 了解天棚的施工工艺。
- 会进行天棚工程定额工程量的计算。
- 会查套定额项目并进行费用的计算。
- 会依据规定对定额项目进行调整换算。

2.3.1　天棚工程构造及施工工艺

天棚是指建筑物屋顶和楼层下表面的装饰构件，俗称天花板。当悬挂在承重结构下表面时，又称吊顶。天棚按饰面与基层的关系可归纳为直接式天棚与悬吊式天棚两类。

(1) 直接式天棚。直接式天棚是在屋面板或楼板结构底面直接做饰面材料的天棚。直接式天棚按施工方法可分为抹灰直接式天棚、喷刷直接式天棚、粘贴直接式天棚、直接式装饰板天棚及结构天棚。

(2) 悬吊式天棚。悬吊式天棚是指天棚的装饰表面悬吊于屋面板或楼板下，并与屋面板或楼板留有一定距离的天棚，俗称吊顶。

1. 直接式天棚

1) 直接式天棚的分类

(1) 抹灰、喷刷、粘贴直接式天棚。

先在天棚的基层上刷一遍纯水泥浆，然后用混合砂浆打底找平。对于要求较高的房间，可在底板增设一层钢板网，在钢板网上再做抹灰。

(2) 直接式装饰板天棚。

这类天棚与悬吊式天棚的区别是不使用吊挂件，直接在楼板底面铺设固定格栅。

(3) 结构天棚。

将屋盖或楼盖结构暴露在外，利用结构本身的韵律做装饰，称为结构天棚。

2) 直接式天棚的装饰线脚

直接式天棚的装饰线脚是安装在天棚与墙顶交界部位的线材，简称装饰线。可采用粘贴法或直接钉固法与天棚固定，装饰线包括木线、石膏线、金属线等。

2. 悬吊式天棚

悬吊式天棚一般由悬吊部分、天棚骨架、饰面层和连接部分组成，如图 2-43 所示。

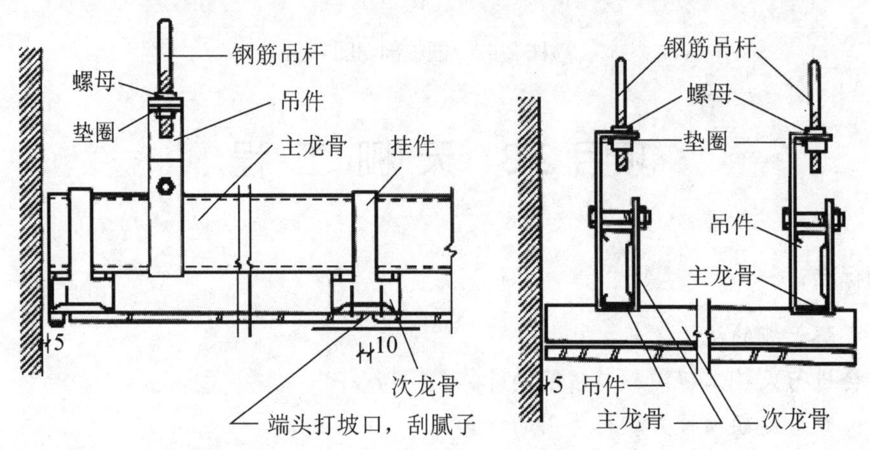

图 2-43　悬吊式天棚的组成

1) 悬吊部分

悬吊部分包括吊点、吊杆(吊筋)和连接杆。

(1) 吊点。

吊杆与楼板或屋面板连接的节点称为吊点。

(2) 吊杆(吊筋)。

吊杆(吊筋)是连接龙骨和承重结构的承重传力构件，按材料可分为钢筋吊杆、型钢吊杆、木吊杆。钢筋吊杆的直径为 6～8mm，一般用于悬吊式天棚；型钢吊杆用于重型悬吊式天棚或整体刚度要求高的悬吊式天棚，其规格尺寸要通过结构计算确定；木吊杆用 40mm×40mm 或 50mm×50mm 的方木制作，一般用于木龙骨悬吊式天棚。

2) 天棚骨架

天棚骨架又叫天棚基层，是由主龙骨、次龙骨、小龙骨(或称主格栅、次格栅)所形成的网格骨架体系。其作用是承受饰面层的重量，并通过吊杆传递到楼板或屋面板上。

悬吊式天棚的龙骨按材料可分为木龙骨、型钢龙骨、轻钢龙骨、铝合金龙骨。轻钢龙骨配件组合如图 2-44 所示。

3) 饰面层

饰面层又叫面层，其主要作用是装饰室内空间，并且还兼有吸音、反射、隔热等特定的功能。饰面层一般分为抹灰类、板材类、开敞类。

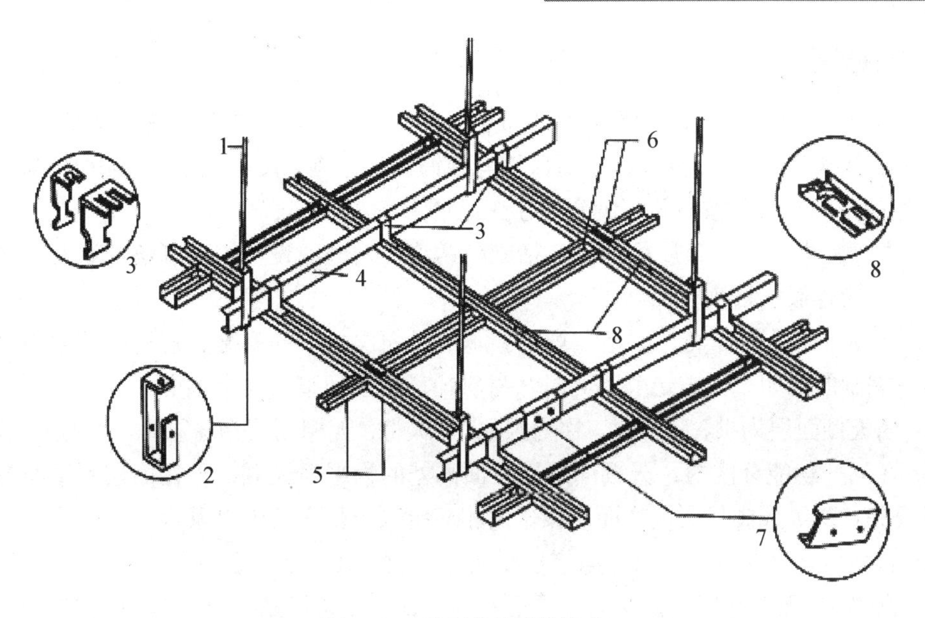

图2-44 轻钢龙骨配件组合

1—品筋；2—吊件；3—挂件；4—主龙骨；5—次龙骨；6—龙骨支托(插挂件)；7—连接件；8—插接件

4) 连接部分

连接部分是指悬吊式天棚龙骨之间、悬吊式天棚龙骨与饰面层之间、悬吊式天棚龙骨与吊杆之间的连接件、紧固件。一般包括吊挂件、插挂件、自攻螺钉、木螺钉、圆钢钉、特制卡具、胶黏剂等。

2.3.2 定额说明与解释

1. 天棚抹灰

(1) 本项目中的砂浆种类、配合比，如设计或经批准的施工组织设计与定额规定不同时，允许调整，人工、机械不变。

(2) 楼梯底板抹灰执行天棚抹灰相应定额子目，其中锯齿形楼梯按相应定额子目人工乘以系数1.35。

(3) 天棚抹灰定额子目不包含基层打(钉)毛，如设计需要打毛时应另行计算。

(4) 天棚抹灰装饰线定额子目是指天棚抹灰凸起线、凸出楼角线，装饰线道数以凸出的一个棱角为一道线。

(5) 天棚和墙面交角抹灰呈圆弧形已综合考虑在定额子目中，不得另行计算。

(6) 天棚装饰线抹灰定额子目中只包括凸出部分的工料，不包括底层抹灰的工料；底层抹灰的工料包含在天棚抹灰定额子目中，计算天棚抹灰工程量时不扣除装饰线条所占抹灰面积。

(7) 天棚抹灰定额子目中已包括建筑胶浆人工、材料、机械费用，不再另行计算。

2. 吊顶天棚

(1) 本项目中铁件、金属构件除锈是按手工除锈编制的，若采用机械(喷砂或抛丸)除锈时，执行金属构件章节[《重庆市房屋建筑与装饰计价定额》(CQJZZSDE—2018)第一册附录 F]中相应定额子目，按质量每吨扣除手工除锈人工 3.4 工日。

(2) 本项目中铁件、金属构件已包括刷防锈漆一遍，如设计需要刷第二遍及多遍防锈漆时，按相应定额子目执行。

(3) 本项目龙骨的种类、间距、规格和基层、面层材料的型号、规格是按常用材料和常用做法编制的，如设计与定额不同时，材料耗量应予调整，其余不变。

(4) 当天棚面层为拱、弧形时，称为拱(弧)形天棚；天棚面层为球冠时，称为工艺穹顶。

(5) 在同一功能分区内，天棚面层无平面高差的为平面天棚，天棚面层有平面高差的为跌级天棚。跌级天棚基层板及面层按平面相应定额子目人工乘以系数 1.2。

(6) 斜平顶天棚龙骨、基层、面层按平面定额子目人工乘以系数 1.15，其余不变。

(7) 拱(弧)形天棚基层、面层板按平面定额子目人工乘以系数 1.3，面层材料乘以系数 1.05，其余不变。

3. 其他说明

(1) 包直线形梁、造直线形假梁按柱面相应定额子目人工乘以系数 1.2，其余不变。

(2) 包弧线形梁、造弧线形假梁按柱面相应定额子目人工乘以系数 1.35，材料乘以系数 1.1，其余不变。

(3) 天棚装饰定额子目缺项时，按其他章节相应定额子目人工乘以系数 1.3，其余不变。

(4) 本项目吸音层厚度如设计与定额规定不同时，材料消耗量应予调整，其余不变。

(5) 本项目平面天棚和跌级天棚不包括灯槽的制作安装。灯槽制作安装应按本项目相应定额子目执行。定额中灯槽是按展开宽度 600mm 以内编制的，如展开宽度大于 600mm 时，其超过部分并入天棚工程量计算。

(6) 本项目定额子目中(除金属构件子目外)未包括防火、除锈、油漆等内容，发生时，按“油漆、涂料、裱糊工程”项目中相应定额子目执行。

(7) 天棚装饰面层未包括各种收口条、装饰线条，发生时，按“其他装饰工程”项目中相应定额子目执行。

(8) 天棚面层未包含开孔(检修孔除外)费用，发生时，按开灯孔相应定额子目执行，其中开空调风口执行开格式灯孔定额子目。

(9) 本项目定额轻钢龙骨和铝合金龙骨不上人型吊杆长度按 600mm 编制，上人型吊杆长度按 1400mm 编制。吊杆长度大于定额规定时应按实调整，其余不变。

(10) 天棚基层、面层板现场钻吸音孔时，每 $100m^2$ 增加 6.5 工日。

(11) 天棚检修孔已包括在天棚相应定额子目内，不另行计算。如材质与天棚不同时，另行计算；如设计有嵌边线条时，按“其他装饰工程”中相应定额子目执行。

(12) 天棚面层板缝贴自黏胶带费用已包含在相应定额子目内，不再另行计算。

2.3.3 工程量计算规则

1. 直接式天棚

(1) 天棚抹灰的工程量按墙与墙间的净面积以 m^2 计算，不扣除柱、附墙烟囱、垛、管道孔、检查口、单个面积在 $0.3m^2$ 以内的孔洞及窗帘盒所占的面积。有梁板(含密肋梁板、井字梁板、槽形板等)底的抹灰按展开面积以 m^2 计算，并入天棚抹灰工程量内。

顶棚抹灰工程量=主墙间净长×主墙间的净宽度+梁侧面面积

(2) 檐口天棚宽度在 500mm 以上的挑板抹灰应并入相应的天棚抹灰工程量内计算。

(3) 阳台底面抹灰按水平投影面积以 m^2 计算，并入相应天棚抹灰工程量内。阳台带悬臂梁者，其工程量乘以系数 1.30。

(4) 雨篷底面或顶面抹灰分别按水平投影面积(拱形雨篷按展开面积)以 m^2 计算，并入相应天棚抹灰工程量内。雨篷顶面带反沿或反梁者，其顶面工程量乘以系数 1.20；底面带悬臂梁者，其底面工程量乘以系数 1.20。

(5) 板式楼梯底面抹灰面积(包括踏步、休息平台以及小于 500mm 宽的楼梯井)按水平投影面积乘以系数 1.3 计算，锯齿楼梯底板抹灰面积(包括踏步、休息平台以及小于 500mm 宽的楼梯井)按水平投影面积乘以系数 1.5 计算。

(6) 计算天棚装饰线时，分别按 3 道线以内或 5 道线以内以“延长米”计算。

装饰线工程量=$\sum$(主墙间净长+主墙间的净宽度)×2

2. 吊顶天棚

(1) 各种吊顶天棚龙骨按墙与墙之间面积以 m^2 计算(多级造型拱弧形、工艺穹顶天棚、斜平顶龙骨按设计展开面积计算)，不扣除窗帘盒、检修孔、附墙烟囱、柱、垛和管道、灯槽、灯孔所占面积。

一般吊顶天棚龙骨工程量=主墙间净长×主墙间的净宽度

天棚中的折线、跌落、拱形、高低灯槽及其他艺术形式工程量按照展开面积计算。天棚构造按照如图 2-45 所示的示意图区分。

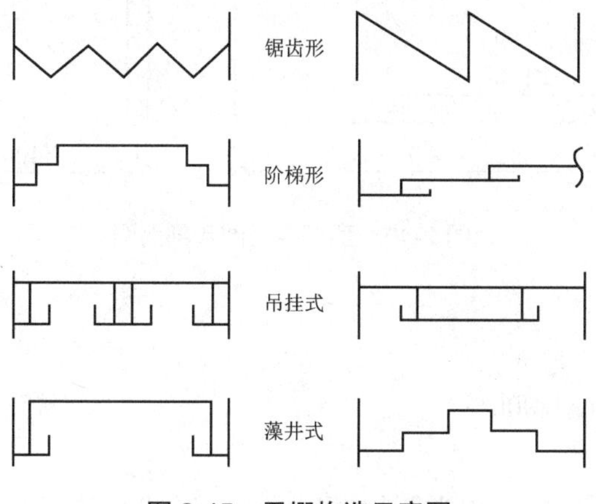

图 2-45 天棚构造示意图

艺术形式天棚工程量=$\sum$展开长度×展开宽度

(2) 天棚基层、面层按设计展开面积以 m^2 计算，不扣除附墙烟囱、垛、检查口、管道、灯孔所占面积，但应扣除单个面积在 $0.3m^2$ 以上的孔洞、独立柱、灯槽及与天棚相连的窗帘盒所占的面积。

天棚基层、面层工程量=主墙间净长×主墙间的净宽度-独立柱等所占面积

3. 采光天棚

采光天棚按设计框外围展开面积以 m^2 计算。

4. 楼梯底面的装饰面层

楼梯底面的装饰面层工程量按设计展开面积以 m^2 计算。

5. 其他

(1) 网架按设计图示水平投影面积以 m^2 计算。

(2) 灯带、灯槽按长度以“延长米”计算。

(3) 灯孔、风口按“个”计算。

(4) 格栅吊顶、藤条造型悬挂吊顶、织物软雕吊顶和装饰网架吊顶，按设计图示水平投影面积以 m^2 计算。

(5) 本项目中天棚吊顶型钢骨架工程量按设计图示尺寸计算的理论质量以 t(吨)计算。

2.3.4 典型案例分析

【案例 2-12】某工程现浇井字梁顶棚，水泥砂浆面层，主梁和次梁尺寸如图 2-46 所示，试计算顶棚抹灰工程量并计价。

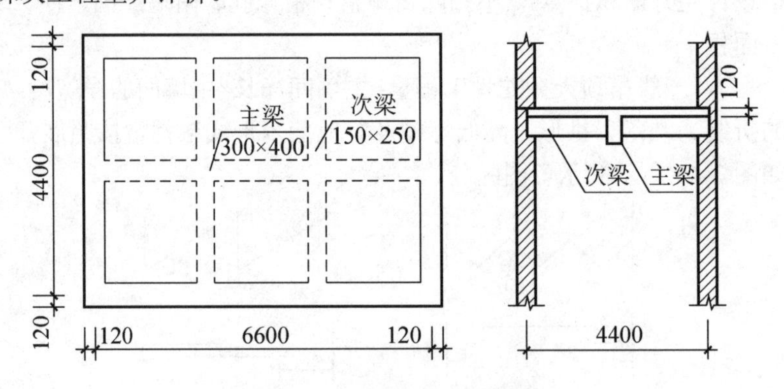

图 2-46 顶棚平面图和剖面图

【案例分析】

(1) 列项。

水泥砂浆天棚抹灰(AN0001)。

(2) 计算工程量。

水泥砂浆天棚抹灰工程量按照设计展开面积以 m^2 进行计算。

工程量计算式=主墙间的水平投影面积+主、次梁侧面展开面积=(6.60−0.24)×(4.40−0.24)(主墙间的水平投影面积)+(0.40−0.12)×6.36×2(主梁侧面展开面积)+(0.25−0.12)×3.86×2×2(次梁侧面展开面积)−(0.25−0.12)×0.5×4 = 31.95(m^2)

(3) 套用计价定额。

计算结果见表 2-12。

表 2-12 计算结果

序号	定额编号	项目名称	计量单位	工程量	综合单价/元	合价/元
1	AN0001	水泥砂浆天棚抹灰	10m^2	3.20	205.85	657.69
合计						657.69

【案例 2-13】某工程现浇有梁板顶棚如图 2-47 所示，混合砂浆面层，已知主梁尺寸为 300mm×500mm，次梁尺寸为 150mm×300mm，板厚 100mm。试计算有梁板天棚抹混合砂浆工程量并计价。

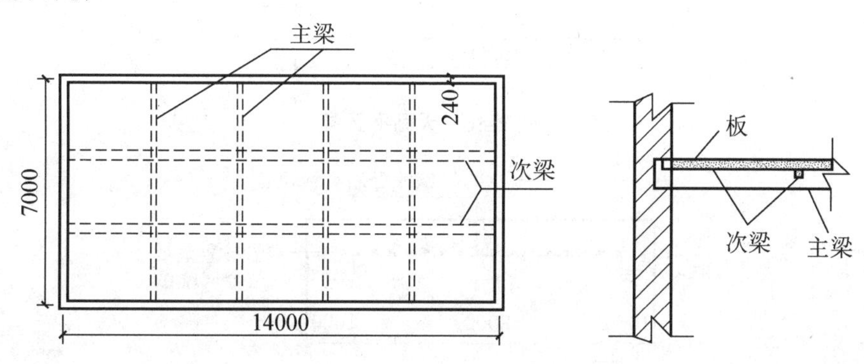

图 2-47 井字梁天棚示意图

【案例分析】

(1) 列项。

混合砂浆天棚抹灰(AN0004)。

(2) 计算工程量。

工程量按照设计展开面积以 m^2 进行计算。

工程量计算式=主墙间的水平投影面积+主、次梁侧面展开面积

墙间的水平投影面积= (14−0.24)×(7−0.24)= 93.02(m^2)

主梁侧面展开面积=(14−0.24−0.15×4)×(0.5−0.1)×2×2+0.15×(0.5−0.3)×2×8

= 21.536(m^2)

次梁侧面展开面积=(7−0.24−0.3×2)×(0.3−0.1)×2×4=9.856(m^2)

合计：124.412m^2

(3) 套用计价定额。

计算结果见表 2-13。

表 2-13　计算结果

序号	定额编号	项目名称	计量单位	工程量	综合单价/元	合价/元
1	AN0004	混合砂浆天棚抹灰	$10m^2$	12.44	183.62	2284.23
合计						2284.23

【案例 2-14】某顶棚吊顶的构造平面图和剖面图如图 2-48 和图 2-49 所示，龙骨为 U 形轻钢龙骨，石膏板基层，面层材料为发泡壁纸和金属壁纸。试计算顶棚吊顶工程量并计价。

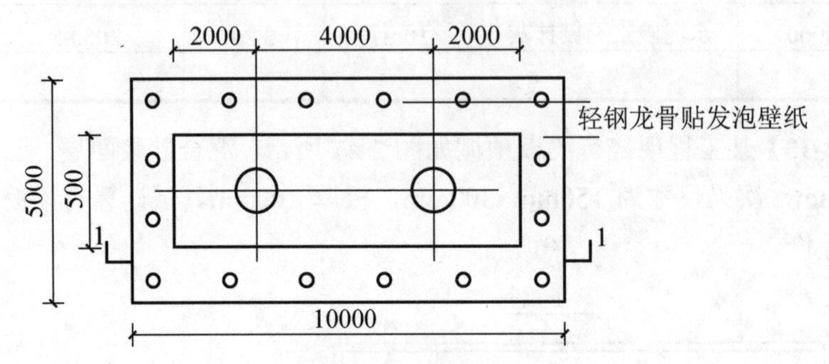

图 2-48　天棚平面图

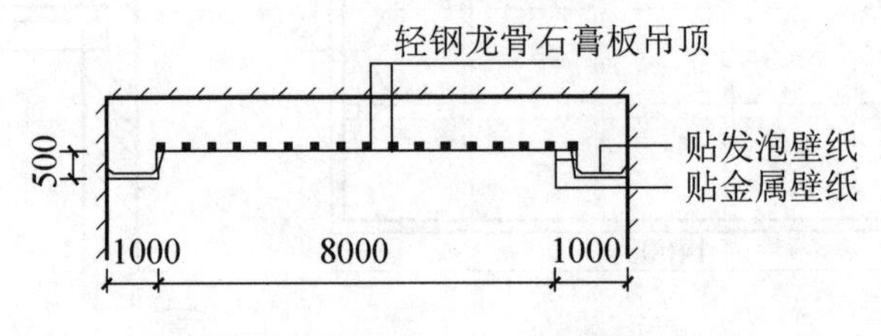

图 2-49　天棚 1—1 剖面图

【案例分析】

(1) 列项。

轻钢龙骨(LC0009)、石膏板基层(LC0044)、发泡壁纸(LE0241)、金属壁纸(LE0244)。

(2) 计算工程量。

各种吊顶天棚龙骨按墙与墙之间面积以 m^2 计算，天棚基层、面层按设计展开面积以 m^2 计算。

轻钢龙骨工程量：$10×5=50(m^2)$

石膏板基层工程量：$10×5+(1.5×0.5+8×0.5)×2=59.50(m^2)$

发泡壁纸工程量：$10×5-1.5×8=38(m^2)$

金属壁纸工程量：$1.5×8+(1.5+8)×2×0.5=21.50(m^2)$

(3) 套用计价定额。

计算结果见表 2-14。

表 2-14 计算结果

序号	定额编号	项目名称	计量单位	工程量	综合单价/元	合价/元
1	LC0009	轻钢龙骨	$10m^2$	5.00	374.74	1873.70
2	LC0044	石膏板基层	$10m^2$	5.95	216.59	1288.71
3	LE0241	发泡壁纸	$10m^2$	3.80	419.90	1595.62
4	LE0244	金属壁纸	$10m^2$	2.15	970.25	2086.04
合计						6844.07

【案例 2-15】某三级顶棚尺寸如图 2-50 所示，钢筋混凝土板下吊双层楞木，面层为铝塑板，计算顶棚工程量并计价。

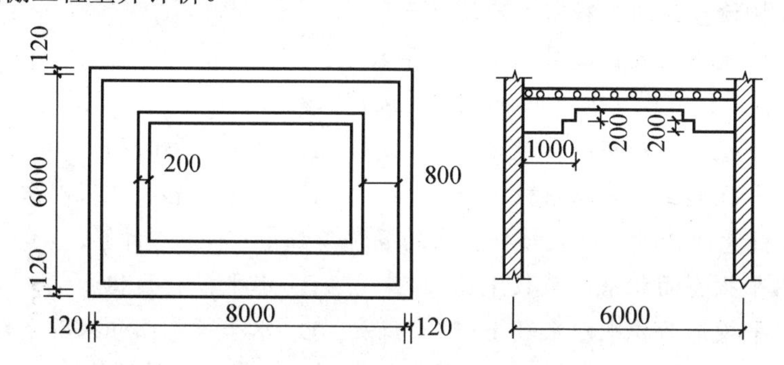

图 2-50 平面图及剖面图

【案例分析】

(1) 列项。

顶棚吊顶木龙骨(LC0003)、铝塑板顶棚面层(LC0060)。

(2) 计算工程量。

各种吊顶天棚龙骨按墙与墙之间面积以 m^2 计算，天棚基层、面层按设计展开面积以 m^2 计算。

顶棚吊顶木龙骨工程量为：$(8-0.24)\times(6-0.24)=44.70(m^2)$

铝塑板顶棚面层工程量为：$(8-0.24)\times(6-0.24)+(8-0.24-0.8\times2+6-0.24-0.8\times2)\times2\times0.2+(8-0.24-1\times2+6-0.24-1\times2)\times2\times0.2=53.79(m^2)$

(3) 套用计价定额。

计算结果见表 2-15。

表 2-15 计算结果

序号	定额编号	项目名称	计量单位	工程量	综合单价/元	合价/元
1	LC0003	顶棚吊顶木龙骨	$10m^2$	4.47	515.23	2303.08
2	LC0060	铝塑板顶棚面层	$10m^2$	5.38	1466.15	7887.89
合计						10190.97

思考与训练

一、单项选择题

1. 主龙骨的安装是将主龙骨与吊杆通过(　　)吊挂件连接。

A. 水平　　B. 竖直

C. 平衡　　D. 倾斜

2. 定额中天棚部分的说明中，错误的是(　　)。

A. 天棚面层在同一标高者为一级天棚

B. 天棚面层不在同一标高者为二～三级天棚

C. 天棚检查孔的工料需另外计算

D. 二级及以上天棚面层人工乘以系数 1.10

3. 天棚工程量计算时，板式楼梯底面的装饰工程量按(　　)计算。

A. 水平投影面积乘以系数 1.10　　B. 水平投影面积

C. 水平投影面积乘以系数 1.15　　D. 水平投影面积乘以系数 1.37

4. 天棚工程量计算时，梁式楼梯底面的装饰工程量按(　　)计算。

A. 水平投影面积乘以系数 1.10　　B. 水平投影面积

C. 水平投影面积乘以系数 1.15　　D. 水平投影面积乘以系数 1.37

5. 轻钢龙骨、铝合金龙骨定额按双层结构编制，如采用单层结构时下列说法不正确的是(　　)。

A. 中、小龙骨贴大龙骨底面吊挂　　B. 大、中龙骨底面在同一水平面上

C. 人工乘以系数 0.85　　D. 扣除定额内小龙骨及相应配件数量

6. 针对定额中龙骨材料的换算，其损耗率下列说法不正确的是(　　)。

A. 木龙骨 6%　　B. 轻钢龙骨 6%

C. 铝合金龙骨 6%　　D. 铝合金龙骨 7%

7. 顶棚装饰面积，按主墙间设计面积以 m^2 计算，应扣除(　　)所占面积。

A. 间壁墙　　B. 窗帘盒　　C. 检查口　　D. 附墙烟囱

二、实务题

1. 查阅本地区消耗量定额或计价定额，熟悉顶棚定额的说明、解释、计算规则。

2. 一带有主梁的有梁板的结构平面图、剖面图如图 2-51 所示。现浇板底水泥砂浆抹灰。试计算顶棚抹灰工程量，确定定额子目。

3. 某办公室顶棚如图 2-52 所示。吊顶做法为板底吊不上人装配式 U 形轻钢龙骨，网格尺寸 450mm×450mm，龙骨上固定石膏板，石膏板面刮腻子，手刷乳胶漆 3 遍。跌级高差均为 150mm。试计算顶棚工程量，确定定额项目。

4. 某单位门卫室的平面示意图如图 2-53 所示。屋面结构为 120mm 厚现浇钢筋混凝土板，虚线处有现浇钢筋混凝土矩形梁，梁截面尺寸为 250mm×660mm(包括板厚 120mm)，顶棚面混合砂浆抹灰，白色乳胶漆刷白两遍。M-1: 1800mm×2700mm; C-1: 1500mm×1800mm;

C-2：1500mm×600mm。试计算顶棚混合砂浆抹灰工程量，确定定额项目。

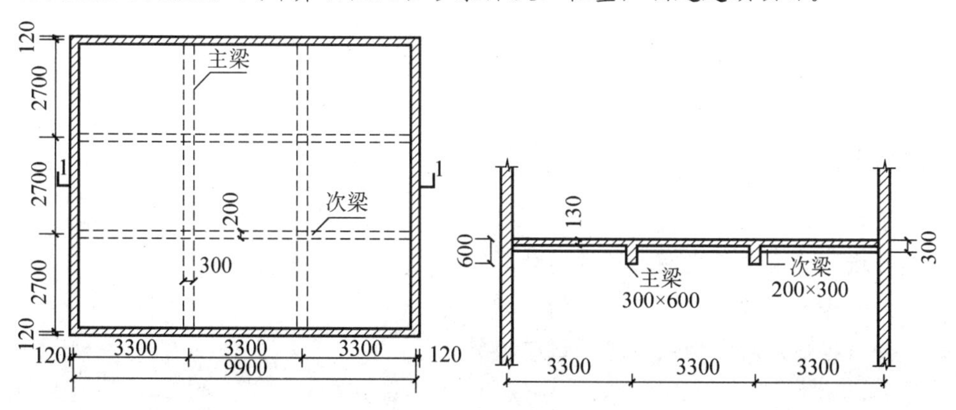

图 2-51　梁板平面示意图及剖面图

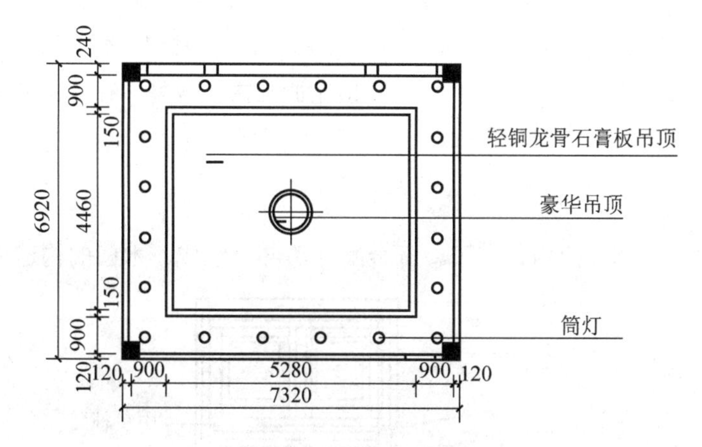

图 2-52　办公室顶棚图

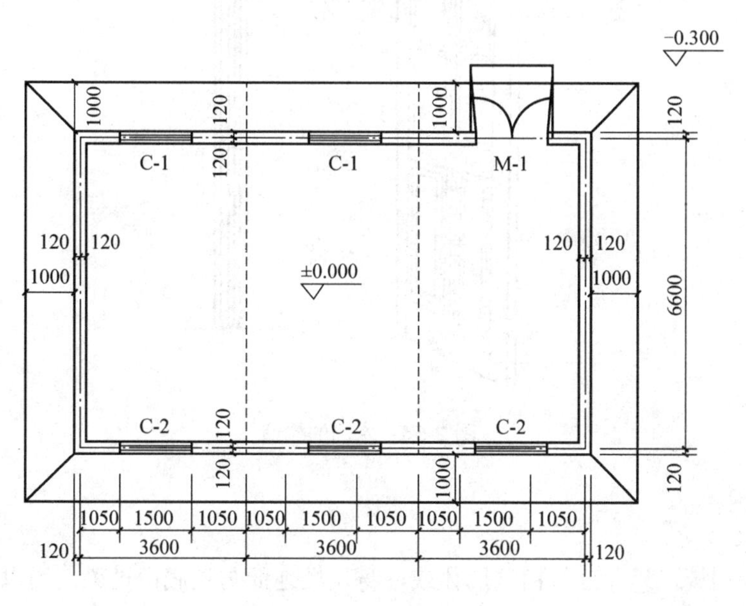

图 2-53　门卫室平面示意图

项目2.4 门 窗 工 程

能力标准：

- 了解门窗的施工工艺。
- 会进行门窗工程定额工程量的计算。
- 会查套定额项目并进行费用的计算。
- 会依据规定对定额项目进行调整换算。

2.4.1 门窗工程构造及施工工艺

常见的门窗类型有木门窗、铝合金门窗、塑料门窗、玻璃装饰门、自动门和旋转门等。门窗工程的施工可分为两类：一类是由工厂预先加工拼装成型，在现场安装；另一类是在现场根据设计要求加工制作即时安装。

1. 木门窗

木门窗主要由门框、门扇、亮子、五金配件等部分组成。木门的构造如图2-54所示。

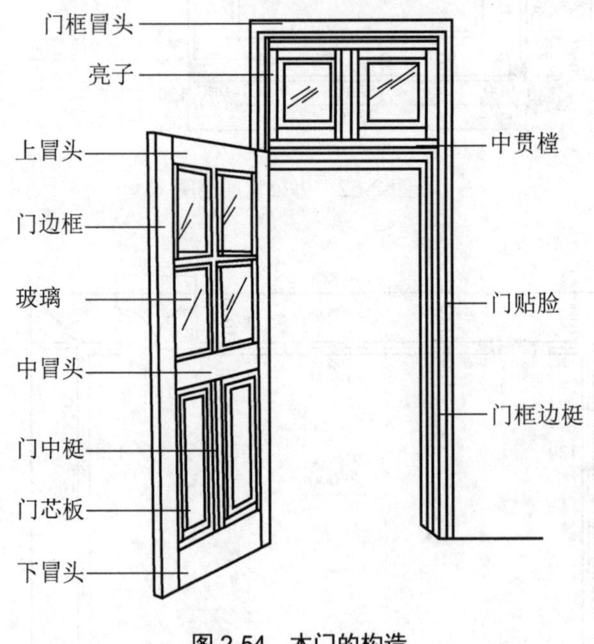

图2-54 木门的构造

1) 木门

(1) 门框。

门框又叫门樘，以此连接门洞墙体或柱身及楼地面与顶底门过梁，用以安装门扇与亮子。门框一般由竖向的边梃、中梃及横向的上槛、中贯樘及下槛组成。

门框与墙体的结合处应留有一定的空隙，并充分考虑门框两侧墙体抹灰等装饰处理层的厚度，其固定点的空隙用木片或硬质塑料垫实。

(2) 门框安装位置。

门框在墙体的位置分为墙中(也称立中)、偏里和偏外(也称偏口)等。

2) 门扇

门扇根据其构造和立面造型不同，可分为各类木装饰门。

(1) 夹板门。

夹板门扇骨架由(32～35)mm×(34～60)mm 方木构成纵横肋条，两面贴面板和饰面层，如贴各类装饰板、防火板、微薄木拼花拼色、镶嵌玻璃、装饰造型线条等。

(2) 镶板门。

镶板门也称为框式门，其门扇由框架配上玻璃或木镶板构成。镶板门框架由上、中、下冒头和边梃组成，框架内嵌装玻璃的称为实木框架玻璃门。镶板门的构造如图 2-55(a)所示。

(3) 拼板门。

拼板门较多地用于外门或储藏室、仓库。制作时先做木框，将木拼板镶入。木拼板可以用 15mm 厚的木板，两侧留槽，用三夹板条穿入。

(4) 实木门。

实木门是由胡桃木、柚木或其他实木制成的高档门扇，其高贵稳重、典雅大方。

(5) 贴板门。

贴板门可用方木做成骨架或采用木工板，外贴板材，利用板材位置的凹凸变化或色彩变化形成装饰图案，应用广泛。贴板门的构造如图 2-55(b)所示。

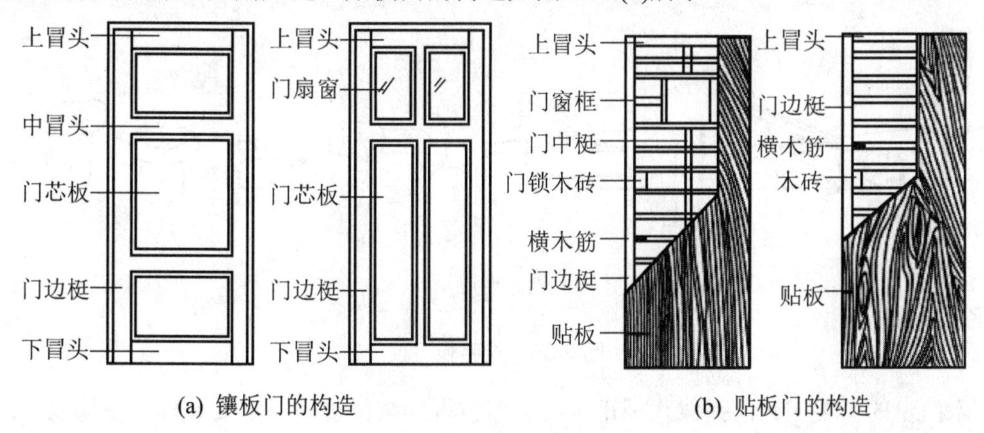

(a) 镶板门的构造　　(b) 贴板门的构造

图 2-55　木门身的构造

(6) 镶嵌门。

镶嵌门以木材做主要材料形成框架，再用其他材料镶嵌其中，如铁艺、钢饰及各种彩色玻璃、磨砂玻璃、裂纹玻璃等，以达到独特的装饰效果。

3) 木窗扇

木窗扇安装玻璃时，一般将玻璃放在外侧，用小钉将玻璃卡牢，再用油灰嵌固；对于不受雨水侵蚀的木窗扇，也可用小木条镶嵌。

4) 亮子

亮子又叫腰头，指门的上部类似窗的部件。亮子的主要功能为通风采光，扩大门的面积，满足门的造型设计需要，亮子中一般都镶嵌玻璃，其玻璃的种类常与相应门扇中镶嵌的玻璃一致。

5) 门帘

门帘的作用是遮挡视线或隔绝冷热空气在门口处流动。门帘一般设置于门扇开启的另一侧，以不影响门扇的开启与闭合运动。门帘一般垂直悬挂于门帘箱中。门帘的材料有织物、穿线珠索、塑料网片等。

6) 门帘箱

门帘箱是门帘的安装部件，设置于门洞口的上部，其长度大于门洞的宽度，其宽度应确保遮盖住门帘的悬吊装置，其高度应不低于门框上槛的顶面位置。

7) 门套

门套是门框的延续装饰部件，设置在门洞的左右两侧及顶部位置。门套可以采用木材、石材、有色金属、面砖等材料制成。

8) 五金配件

五金配件有合页、拉手、插销、门锁、闭门器和门吸等，拉手和门吸如图 2-56 所示。

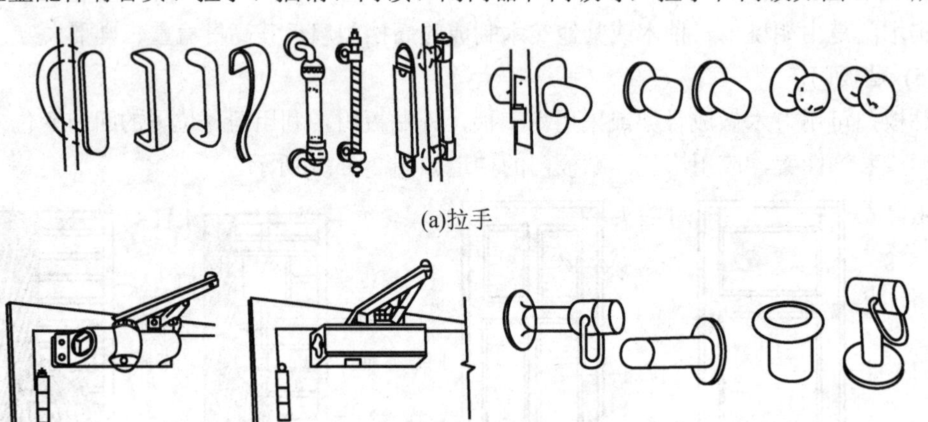

(a)拉手

(b)门吸

图 2-56　拉手和门吸

木门窗的安装工艺：弹线找规矩→决定门窗框安装位置→决定安装标高→掩扇、门框安装样板→窗框、扇、安装→门框安装→门扇安装。

2. 铝合金门窗

铝合金门窗是以门窗框料截面宽度、开启方式等区分的，如 70 系列表示门窗框料截面宽度为 70mm。

铝合金门窗选用的玻璃厚度一般为 5mm 或 6mm；窗纱应选用铝纱或不锈钢纱；密封

条可选用橡胶条或橡塑条；密封材料可选用硅酮胶、聚硫胶、聚氨酯胶、丙烯酸酯胶等。铝合金推拉窗构造如图2-57所示。

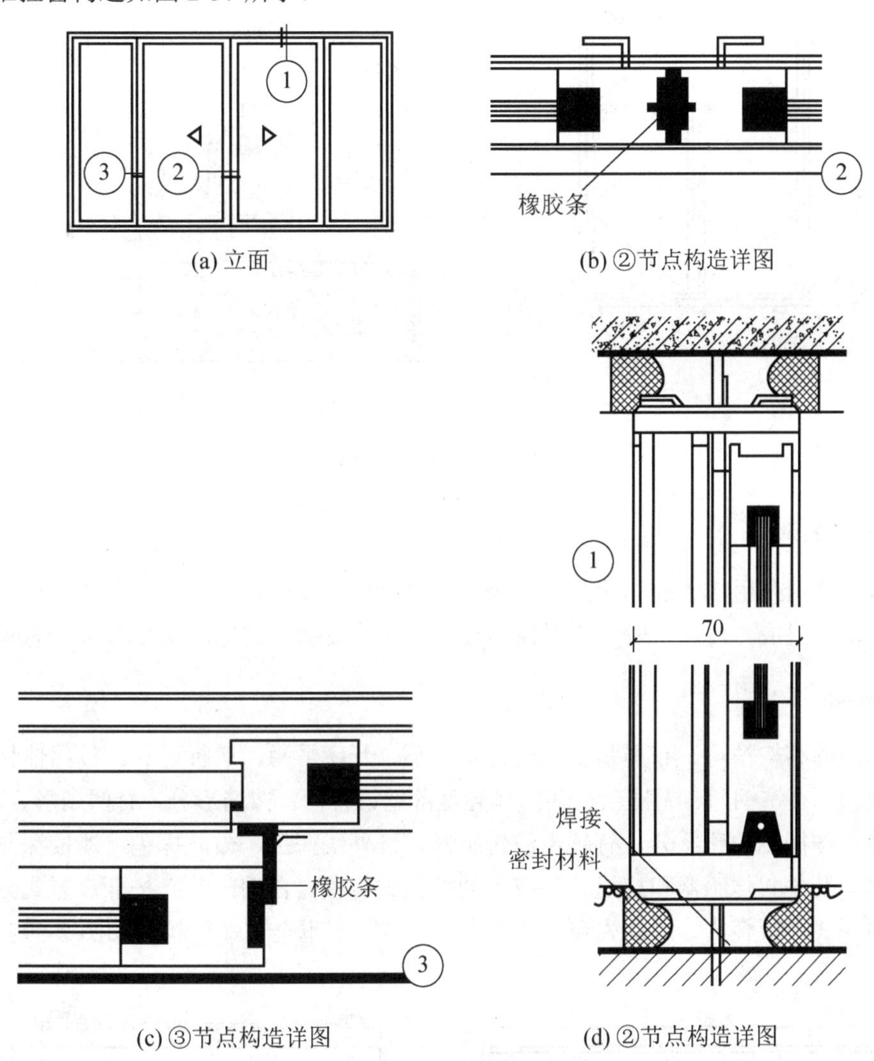

(a) 立面　(b) ②节点构造详图

(c) ③节点构造详图　(d) ②节点构造详图

图2-57　铝合金推拉窗构造

铝合金门窗安装方法：先安装门窗框，后安装门窗扇，用后塞口法。

3. 塑料门窗

塑料门窗由硬PVC材料组装而成。塑料门窗具有防火、阻燃、耐候性好、抗老化、防腐、防潮、隔热、隔声、耐低温(−30～50℃的环境下不变色，不降低原有性能)、抗风压能力强、色泽优美等特性。塑料门窗构造如图2-58所示。

塑料门窗安装工艺：弹线找规矩→门窗洞口处理→安装连接件的检查→塑料门窗外观检查→按图示要求运到安装地点→塑料门窗安装→门窗四周嵌缝→安装五金配件→清理。

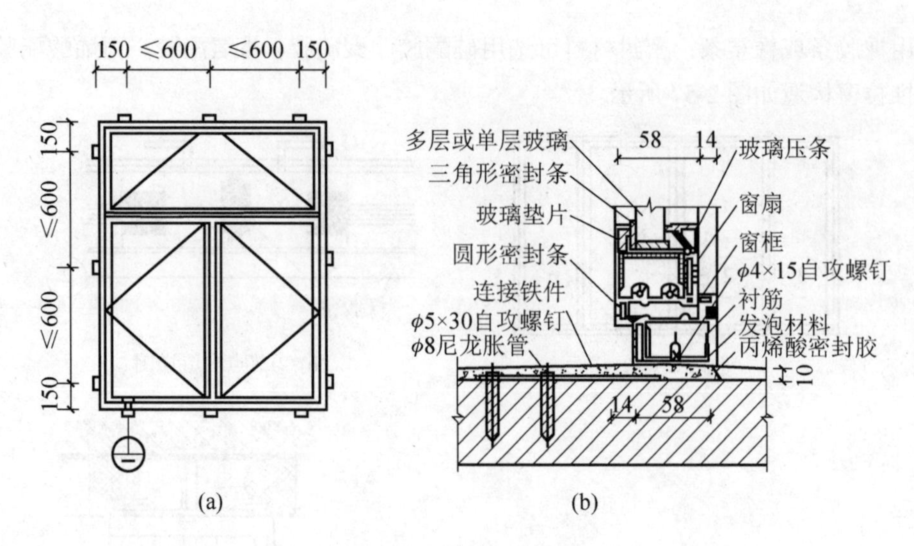

图 2-58　塑料门窗构造

4. 玻璃装饰门

玻璃装饰门是用 12mm 以上厚度的玻璃板直接做门扇的玻璃门，一般由活动门扇和固定玻璃两部分组成。玻璃一般为厚平板白玻璃、雕花玻璃、钢化玻璃及彩印图案玻璃等。

5. 自动门

自动门的结构精巧、布局紧凑、运行噪声小、开闭平稳、运行可靠。按门体材料分，有铝合金门、不锈钢门、无框全玻璃门和异型薄壁铜管门；按扇形分，有两扇形、四扇形、六扇形等；按探测传感器分，有超声波传感器、红外线探头、微波探头、遥控探测器、毡式传感器、开关式传感器和拉线开关或手动按钮式传感器自动门等；按开启方式分，有推拉式、中分式、折叠式、滑动式和平开式自动门等。无框全玻璃门构造如图 2-59 所示。

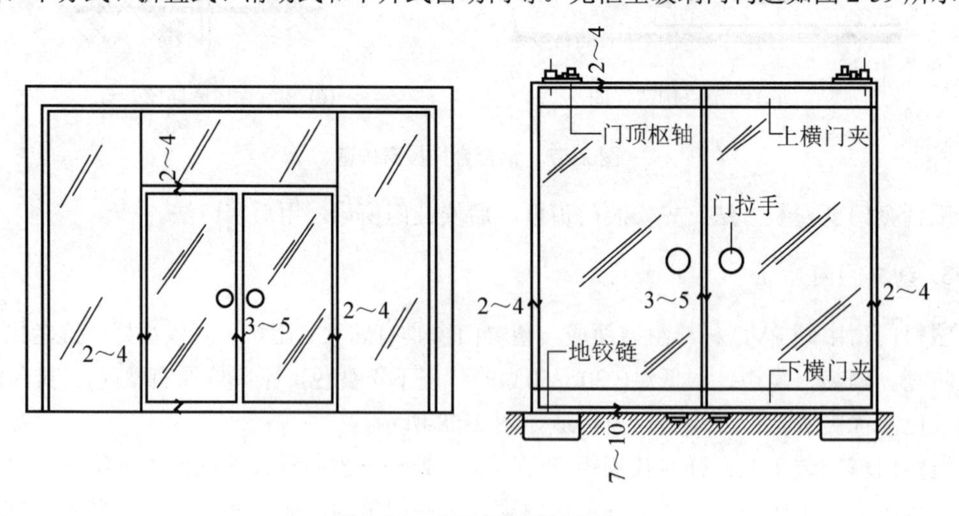

图 2-59　无框全玻璃门构造

6. 旋转门

旋转门采用合成橡胶密封固定玻璃，活扇与转壁之间采用聚丙烯毛刷条，具有良好的密闭、抗震和耐老化性能。按型材结构分，有铝结构和钢结构两种。铝结构采用铝合金型材制作；钢结构采用不锈钢或 20 碳素结构钢无缝异型管制作。按开启方式分，有手推式和自动式两种；按转壁分，有双层铝合金装饰板和单层弧形玻璃；按扇形分，有单体和多扇形组合体，扇体有四扇固定、四扇折叠移动和三扇等形式。

2.4.2 定额说明与解释

1. 木门

(1) 装饰木门扇包括木门扇制作、木门扇面贴木饰面胶合板、包不锈钢板、软包面。

(2) 双面贴饰面板实心基层门扇是按基层木工(夹)板一层粘贴编制的，如设计为木工板两层粘贴时，材料按实调整，其余不变。

(3) 局部或半截门扇和格栅门扇制作子目中，面板是按整片开洞考虑的，如与此不同，材料按实调整，其余不变。

(4) 如门、窗套上设计有雕花饰件、装饰线条等，按相应定额子目执行。

(5) 门扇装饰面板为拼花、拼纹时，按相应定额子目的人工乘以系数 1.45，材料按实计算，其余不变。

(6) 装饰木门设计有特殊要求时，材料按实调整，其余不变。

(7) 若门套基层、饰面板为拱、弧形时，按相应定额子目的人工乘以系数 1.30，材料按实调整，其余不变。

(8) 成品套装门安装包括门套和门扇的安装。

2. 金属门、窗

(1) 铝合金门窗现场制作安装、成品铝合金门窗安装、铝合金型材均按 40 系列、单层钢化白玻璃编制。当设计与定额子目不同时，可以调整。安装子目中已含安装固定门窗小五金配件材料及安装费用，门窗的其他五金配件按相应定额子目执行。

(2) 成品铝合金门窗按工厂成品、现场安装编制(除定额说明外)。成品铝合金门窗价格均已包括玻璃及五金配件的费用，定额包括安装固定门窗小五金配件材料及安装费用与辅料耗量。

3. 其他门

(1) 全玻璃门扇安装项目按地弹门编制，定额子目中地弹簧消耗量可按实际调整。门其他五金件按相应定额子目执行。

(2) 全玻璃门门框、横梁、立柱钢架的制作安装及饰面装饰，按相应定额子目执行。

(3) 电动伸缩门含量不同时，其伸缩门及轨道允许换算；打凿混凝土工程量另行计算。

2.4.3 工程量计算规则

1. 木门

(1) 装饰门扇面贴木饰面胶合板，包不锈钢板、软包面制作按门扇外围设计图示面积以 m^2 计算。

(2) 成品装饰木门扇安装按门扇外围设计图示面积以 m^2 计算。

(3) 成品套装木门安装以“扇(樘)”计算。

(4) 成品防火门安装按设计图示洞口面积以 m^2 计算。

(5) 吊装滑动门轨按长度以“延长米”计算。

(6) 五金件安装以“套”计算。

2. 金属门窗

(1) 铝合金门窗现场制作安装按设计图示洞口面积以 m^2 计算。

(2) 成品铝合金门窗(飘凸窗、阳台封闭、纱门窗除外)安装按门窗洞口设计图示面积以 m^2 计算。

(3) 铝合金门连窗按设计图示洞口面积分别计算门、窗面积，其中窗的宽度算至门框的边外线。

(4) 铝合金窗飘凸窗、阳台封闭、纱门窗按设计图示框型材外围面积以 m^2 计算。

3. 其他门

(1) 电子感应门、转门、电动伸缩门均以“樘”计算；电磁感应装置以“套”计算。

(2) 全玻璃有框门扇按扇外围设计图示面积以 m^2 计算。

(3) 全玻璃无框(条夹)门扇按扇外围设计图示面积以 m^2 计算，高度算至条夹外边线，宽度算至玻璃外边线。

(4) 全玻璃无框(点夹)门扇按扇外围设计图示面积以 m^2 计算。

4. 门钢架、门窗套

(1) 门钢架按设计图示尺寸以 t 计算。

(2) 门钢架基层、面层按饰面外围设计图示面积以 m^2 计算。

(3) 成品门框、门窗套线按设计图示最长边以“延长米”计算。门窗套示意图如图 2-60 所示。

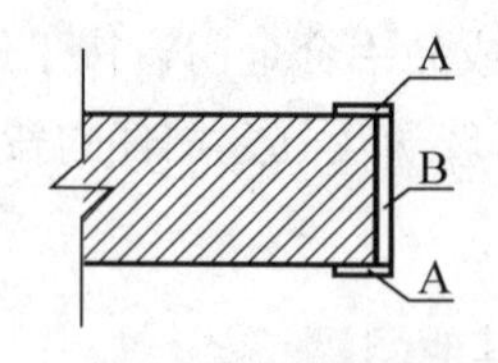

图 2-60　门窗套示意图

A—贴脸；B—筒子板；A 和 B 面—门窗套

5. 窗台板、窗帘盒、轨

(1) 窗台板按设计图示长度乘以宽度以 m^2 计算。图纸未注明尺寸的，窗台板长度可按窗框的外围宽度两边加 10mm 计算。窗台板凸出墙面的宽度按墙面外加 50mm 计算。

$$窗台板=(窗宽+0.1)\times(窗台宽+0.05)$$

计算窗台板面积时若板两端有切角，“设计长度”应按照最大长度计算。计算窗台板宽度时，若板边挑出为弧形，宽度也算至最外边切线处。

(2) 窗帘盒、窗帘轨按设计图示长度以“延长米”计算。

(3) 窗帘按设计图示轨道高度乘以宽度以 m^2 计算。

2.4.4 典型案例分析

【案例 2-16】某连窗门，其铝合金单扇地弹门，铝合金推拉窗，门安装球形执手锁。设计洞口尺寸如图 2-61 所示，共 35 樘，试计算其制作安装的工程量并计价。

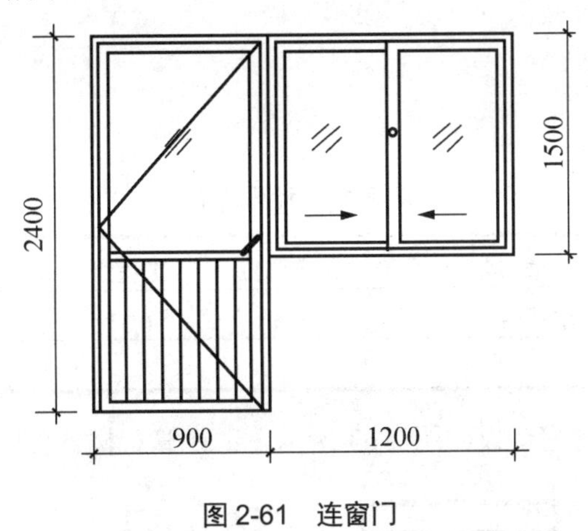

图 2-61 连窗门

【案例分析】

(1) 列项。

铝合金地弹门(LD0051)、铝合金推拉窗(LD0080)、球形执手锁(LD0039)。

(2) 计算工程量。

铝合金门连窗按设计图示洞口面积分别计算门、窗面积，其中窗的宽度算至门框的边外线。

铝合金地弹门制作安装工程量为：0.90×2.40×35=75.60(m^2)。

铝合金推拉窗制作安装工程量为：1.20×1.50×35=63(m^2)。

球形执手锁工程量：35 把。

(3) 套用计价定额。

计算结果见表 2-16。

表 2-16 计算结果

序号	定额编号	项目名称	计量单位	工程量	综合单价/元	合价/元
1	LD0051	铝合金地弹门	$10m^2$	7.56	2518.87	19042.66
2	LD0080	铝合金推拉窗	$10m^2$	6.30	2991.98	18849.47
3	LD0039	球形执手锁	把	70.64	35	2472.40
合计						40364.53

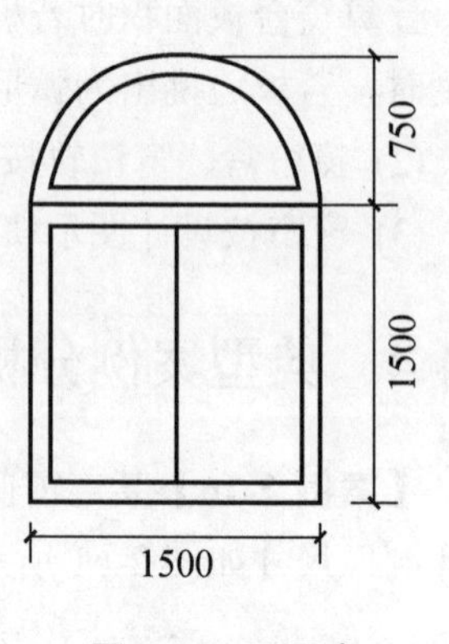

图 2-62　平开窗

【案例 2-17】某普通半圆形双扇铝合金平开窗如图 2-62 所示，试计算普通半圆形双扇铝合金平开窗工程量并计价。

【案例分析】

(1) 列项。

双扇铝合金平开窗(LD0019)。

(2) 计算工程量。

门窗现场制作安装按设计图示洞口面积以 m^2 计算。

普通半圆形双扇铝合金平开窗工程量为：$1.5\times1.5+1/2\times\pi\times0.75\times0.75=3.13(m^2)$。

(3) 套用计价定额。

计算结果见表 2-17。

表 2-17　计算结果

序号	定额编号	项目名称	计量单位	工程量	综合单价/元	合价/元
1	LD0019	双扇铝合金平开窗	$10m^2$	0.31	3597.72	1115.29
合计						1115.29

【案例 2-18】某石材窗台板如图 2-63 所示，试计算石材窗台板的工程量并计价。

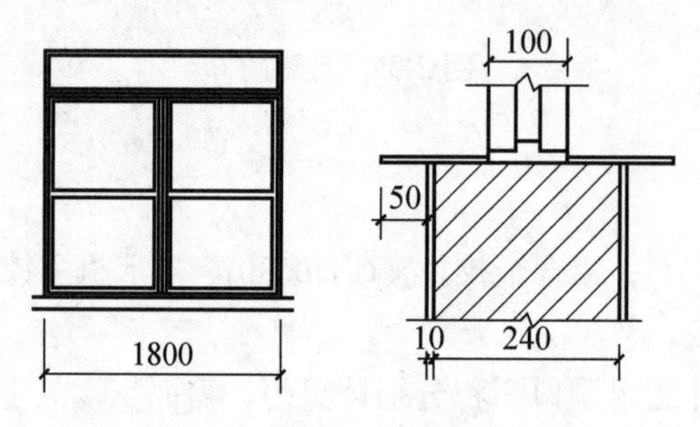

图 2-63　窗台板

【案例分析】

(1) 列项。

石材窗台板(LD0115)。

(2) 计算工程量。

窗台板工程量按设计图示尺寸长度两端共加上 100mm 乘以宽度(宽度在图中已有标示)以面积计算。

石材窗台板工程量为：$(1.8+0.1)\times[(0.24-0.1)/2+0.01+0.05]\times2=0.494(m^2)$。

(3) 套用计价定额。

计算结果见表 2-18。

表 2-18 计算结果

序号	定额编号	项目名称	计量单位	工程量	综合单价/元	合价/元
1	LD0115	石材窗台板	$10m^2$	0.049	2070.57	101.46
合计						101.46

思考与训练

一、单项选择题

1. 铝合金门窗、塑钢门窗、防火门安装均按洞口以(　　)计算工程量。

A. m^2　　B. m^3

C. 延长米　　D. 长度

2. 窗台板按设计长度乘以宽度以 m^2 计算；设计未注明尺寸时，按窗宽两边共加(　　)计算长度(有贴脸的按贴脸外边线间宽度)，凸出墙面的宽度按(　　)计算。

A. 100mm，50mm　　B. 150mm，100mm

C. 200mm，100mm　　D. 200mm，150mm

二、实务题

1. 查阅本地区消耗量定额或计价定额，熟悉配套装饰项目定额的说明、解释、计算规则。

2. 某宾馆客房共 60 间，客房门：900m×2100mm，门贴脸做法为细木工基层板，面贴胡桃木面板；门套线为 80mm×8mm 的实木线，如图 2-64 所示。试计算工程量，确定定额项目。

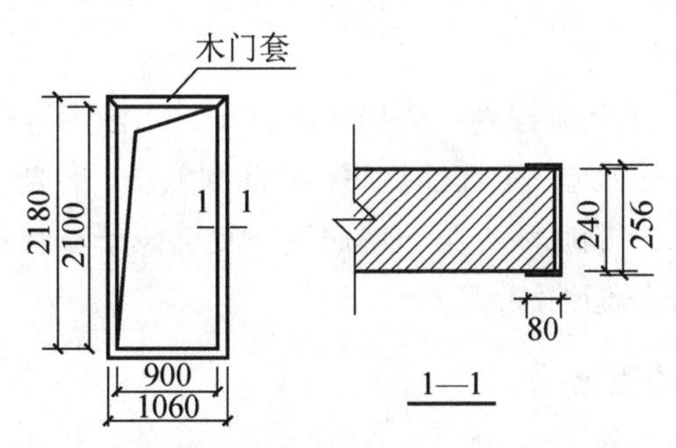

图 2-64 客房门示意图

3. 某卷帘门的宽度为 3500mm，安装于洞口高度 3000mm 的车库门口，卷帘门上有一个活动小门，小门尺寸为 750mm×2075mm，提升装置为电动。求该卷帘门的定额工程量。

项目 2.5　油漆、涂料、裱糊工程

能力标准：

- 了解油漆、涂料、裱糊工程的施工工艺。
- 会进行油漆、涂料、裱糊工程定额工程量的计算。
- 会查套定额项目并进行费用的计算。
- 会依据规定对定额项目进行调整换算。

2.5.1　油漆、涂料、裱糊工程施工工艺

1. 木料表面涂刷操作工艺

木料表面涂刷溶剂型混色油漆，按质量要求分为普通、中级和高级三级。

1) 普通涂刷工艺流程

木料表面的普通涂刷工艺流程为：清扫、起钉子、除油污等→铲去脂囊、修补平整→磨砂纸→节疤处点漆片 1～2 遍→干性油打底、局部刮腻子、磨光→腻子处涂干性油→第一遍油漆→复补腻子→磨光→第二遍油漆。

2) 中级涂刷工艺流程

木料表面的中级涂刷工艺流程为：清扫、起钉子、除油污等→铲去脂囊、修补平整→磨砂纸→节疤处点漆片 1～2 遍→干性油打底、局部刮腻子、磨光→第一遍满刮腻子→磨光→刷底漆→第一遍油漆→复补腻子→磨光→湿布擦净→第二遍油漆→磨光→湿布擦净→第三遍油漆。

3) 高级涂刷工艺流程

木料表面的高级涂刷工艺流程为：清扫、起钉子、除油污等→铲去脂囊、修补平整→磨砂纸→节疤处点漆片 1～2 遍→干性油打底、局部刮腻子、磨光→第一遍满刮腻子→磨光→第二遍满刮腻子→磨光→刷底漆→第一遍油漆→复补腻子→磨光→湿布擦净→第二遍油漆→磨光→湿布擦净→第三遍油漆。

2. 金属表面涂刷操作工艺

金属表面涂刷溶剂型混色油漆为，按质量要求分为普通、中级和高级三级。

1) 普通涂刷工艺流程

金属表面的普通涂刷工艺流程为：除锈、清扫、磨砂纸→涂刷防锈漆→局部刮腻子→磨光→第一遍油漆→第二遍油漆。

2) 中级涂刷工艺流程

金属表面的中级涂刷工艺流程为：除锈、清扫、磨砂纸→涂刷防锈漆→局部刮腻子→磨光→第一遍满刮腻子→磨光→第一遍油漆→复补腻子→磨光→第二遍油漆→磨光→湿布

擦净→第三遍油漆。

3) 高级涂刷工艺流程

金属表面的高级涂刷工艺流程为：除锈、清扫、磨砂纸→涂刷防锈漆→局部刮腻子→磨光→第一遍满刮腻子→磨光→第二遍满刮腻子→磨光→第一遍油漆→复补腻子→磨光→第二遍油漆→磨光→湿布擦净→第三遍油漆→磨光→湿布擦净→第四遍油漆。

3. 裱糊施工工艺程序

裱糊的工艺程序以基层、裱糊材料不同而工序不同，一般裱糊施工工艺为：清扫基层→接缝处糊条→找补腻子、磨砂纸→满刮腻子、磨平→涂刷铅油→涂刷底胶一遍→墙面画准线→壁纸浸水润湿→壁纸涂刷胶黏剂→基层涂刷胶黏剂→墙上纸裱糊→拼缝、搭接、对花→赶压胶黏剂、气泡→裁边→擦净挤出的胶液→清理修整。

2.5.2 定额说明与解释

(1) 本项目中油漆、涂料饰面涂刷是按手工操作编制的，喷涂采用机械操作编制的，实际操作方法不同时，不作调整。

(2) 本项目定额内规定的喷涂、涂料遍数与设计要求不同时，应按每增、减一遍定额子目进行调整。

(3) 抹灰面油漆、涂料、裱糊子目均未包括刮腻子，如发生时，另按相应定额子目执行。

(4) 附着安装在同材质装饰面上的木线条、石膏线条等油漆涂料，与装饰面同色者，并入装饰面计算；与装饰面分色者，另单独按线条定额子目执行。

(5) 天棚面刮腻子、刷油漆及涂料时，按抹灰面相应定额子目执行，人工乘以系数 1.3，材料乘以系数 1.1。

(6) 混凝土面层(打磨后)直接刮腻子基层时，执行相应定额子目，其定额人工乘以系数 1.1。

(7) 零星项目刮腻子、刷油漆及涂料时，按抹灰面相应定额子目执行，人工乘以系数 1.45，材料乘以系数 1.3。

(8) 独立柱(梁)面刮腻子、刷油漆及涂料时，按墙面相应定额子目执行，人工乘以系数 1.1，材料乘以系数 1.05。

(9) 抹灰面刮腻子、油漆、涂料定额子目中“零星子目”适用于：小型池槽、压顶、垫块、扶手、门框、阳台立柱、栏杆、栏板、挡水线、挑出梁柱、墙外宽度小于 500mm 的线(角)、板(包含空调板、阳光窗、雨篷)以及单个体积不超过 $0.02m^3$ 的现浇构件等。

(10) 油漆涂刷不同颜色的工料已综合在定额子目内，颜色不同的，人工、材料不作调整。

(11) 油漆、喷涂在同一平面上分色和门窗内外分色时，人工、材料已综合在定额子目内。如设计规定做美术图案者，另行计算。

(12) 单层木门窗刷油漆是按双面刷油编制的，若采用单面刷油时，按相应定额子目乘

以系数 0.49 计算。

(13) 单层钢门、窗和其他金属面设计需刷两遍防锈漆时，增加一遍按刷一遍防锈漆定额子目执行，按人工乘以系数 0.74、材料乘以系数 0.9 计算。

(14) 隔墙木龙骨刷防火涂料(防火漆)定额子目，适用于隔墙、隔断、间壁、护壁、柱木龙骨。

(15) 本项目定额中硝基清漆、磨退出亮定额子目是按达到漆膜面上的白雾光消除并出亮编制的，实际操作中刷、涂遍数不同时，不得调整。

(16) 木基层板面刷防火涂料、防火漆，均执行木材面刷防火涂料、防火漆相应定额子目。

(17) 本项目定额中防锈漆定额子目包含手工除锈，若采用机械(喷砂或抛丸)除锈时，执行“金属结构工程”章节中除锈的相应定额子目，防锈漆项目中的除锈用工也不扣除。

(18) 拉毛面上喷(刷)油漆、涂料时，均按抹灰面油漆、涂料相应定额子目执行，其人工乘以系数 1.2，材料乘以系数 1.6。

(19) 外墙面涂饰定额子目均不包括分格嵌缝，当设计要求做分格缝时，材料消耗增加 5%，人工按 1.5 工日/100m^2 增加计算。

(20) 本项目金属结构防火涂料分超薄型、薄型、厚型 3 种，超薄型、薄型防火涂料定额子目适用于设计耐火时限 3h 以内，厚型防火涂料定额子目适用于设计耐火时限 2h 以上。

(21) 金属结构防火涂料定额子目按涂料密度 500kg/m^3 考虑，当设计与定额取定的涂料密度不同时，防火涂料消耗量可以调整，其余不变。

(22) 单独门框油漆按木门油漆定额子目乘以系数 0.4 执行。

(23) 凹凸型涂料适用于肌理漆等不平整饰面。

(24) 本定额隔墙木龙骨基层刷防火涂料是按双向龙骨编制的，如实际为单向龙骨时，按人工、材料乘以系数 0.6 计算。

2.5.3 工程量计算规则

(1) 抹灰面油漆、涂料工程量按相应的抹灰工程量计算规则计算。

涂刷工程量=抹灰面工程量

(2) 龙骨、基层板刷防火涂料(防火漆)的工程量按相应的龙骨、基层板工程量计算规则计算。

(3) 木材面及金属面油漆工程量分别按表 2-19 至表 2-24 所列相应的计算规则计算。

油漆工程量=代表项工程量×各项相应系数

(4) 木楼梯(不包括底面)油漆，按水平投影面积乘以系数 2.3，执行木地板油漆相应定额子目。

(5) 木地板油漆、打蜡工程量按设计图示面积以 m^2 计算。空洞、空圈、暖气包槽、壁龛的开口部分并入相应的工程量内。

(6) 裱糊工程量按设计图示面积以 m^2 计算，应扣除门窗洞口所占面积。

裱糊工程量=设计裱糊面积(实贴面积)

(7) 混凝土花格窗、栏杆花饰油漆、涂料工程量按单面外围面积乘以系数 1.82 计算。

1. 木材面油漆

执行木门油漆定额的其他项目，按定额子目乘以表 2-19 所列的相应系数计算。

表 2-19　木门油漆

项目名称	系　数	工程量计算方法
单层木门	1.00	按单面洞口面积计算
双层(一玻一纱)木门	1.36	
双层(单裁口)木门	2.00	
单层全玻璃门	0.83	
木百叶门	1.25	
厂库房大门	1.10	

木窗油漆定额的其他项目，按定额子目乘以表 2-20 所列的相应系数计算。

表 2-20　木窗油漆

项目名称	系　数	工程量计算方法
单层玻璃窗	1.00	按单面洞口面积计算
双层(一玻璃一纱)木窗	1.36	
双层(单裁口)木窗	2.00	
双层框三层(二玻璃一纱)木窗	2.60	
单层组合窗	0.83	
双层组合窗	1.13	
木百叶窗	1.50	

木扶手定额的其他项目，按定额子目乘以表 2-21 所列的相应系数计算。

表 2-21　木扶手

项目名称	系　数	工程量计算方法
木扶手(不带托板)	1.00	按“延长米”计算
木扶手(带托板)	2.60	
窗帘盒	2.04	
封檐板、顺水板	1.74	
挂衣板、黑板框、木线条 100mm 以外	0.52	
挂镜线、窗帘棍、木线条 100mm 以内	0.35	

其他木材面油漆定额的其他项目，按定额子目乘以表 2-22 所列的相应系数计算。

表 2-22 其他木材面

<table>
<tr><th>项目名称</th><th>系 数</th><th>工程量计算方法</th></tr>
<tr><td>木板、木夹板、胶合板天棚(单面)</td><td>1.00</td><td rowspan="7">按长×宽计算</td></tr>
<tr><td>木护墙、木墙裙</td><td>1.00</td></tr>
<tr><td>窗台板、盖板、门窗套、踢脚线</td><td>1.00</td></tr>
<tr><td>清水板条天棚、檐口</td><td>1.07</td></tr>
<tr><td>木格栅吊顶天棚</td><td>1.20</td></tr>
<tr><td>鱼鳞板墙</td><td>2.48</td></tr>
<tr><td>吸音板墙面、天棚面</td><td>1.00</td></tr>
<tr><td>屋面板(带檩条)</td><td>1.11</td><td>斜长×宽</td></tr>
<tr><td>木间壁、木隔断</td><td>1.90</td><td>单面外围面积</td></tr>
<tr><td>玻璃间壁露明墙筋</td><td>1.65</td><td rowspan="2">单面外围面积</td></tr>
<tr><td>木栅栏、木栏杆(带扶手)</td><td>1.82</td></tr>
<tr><td>木屋架</td><td>1.79</td><td>跨度(长)×中高×1/2</td></tr>
<tr><td>衣柜、壁柜</td><td>1.00</td><td>按实刷展开面积</td></tr>
<tr><td>梁柱饰面、零星木装修</td><td>1.00</td><td>展开面积</td></tr>
</table>

2. 金属面油漆

单层钢门窗油漆定额的其他项目，按定额子目乘以表 2-23 所列的相应系数计算。

表 2-23 单层钢门窗

<table>
<tr><th>项目名称</th><th>系 数</th><th>工程量计算方法</th></tr>
<tr><td>单层钢门窗</td><td>1.00</td><td rowspan="5">洞口面积</td></tr>
<tr><td>双层(一玻璃一纱)钢门窗</td><td>1.48</td></tr>
<tr><td>钢百叶钢门</td><td>2.74</td></tr>
<tr><td>半截百叶钢门</td><td>2.22</td></tr>
<tr><td>钢门或包铁皮门</td><td>1.63</td></tr>
<tr><td>钢折叠门</td><td>2.30</td><td rowspan="4">框(扇)外围面积</td></tr>
<tr><td>射线防护门</td><td>2.96</td></tr>
<tr><td>厂库平开、推拉门</td><td>1.70</td></tr>
<tr><td>铁(钢)丝网大门</td><td>0.81</td></tr>
<tr><td>金属间壁</td><td>1.85</td><td>长×宽</td></tr>
<tr><td>平板屋面(单面)</td><td>0.74</td><td rowspan="2">斜长×宽</td></tr>
<tr><td>瓦垄板屋面(单面)</td><td>0.89</td></tr>
<tr><td>排水、伸缩缝盖板</td><td>0.78</td><td>展开面积</td></tr>
<tr><td>钢栏杆</td><td>0.92</td><td>单面外围面积</td></tr>
</table>

其他金属面油漆定额的其他，按定额子目乘以表 2-24 所列的相应系数计算。

表 2-24　其他金属面

项目名称	系　数	工程量计算方法
钢屋架、天窗架、挡风架、屋架梁、支撑、檩条	1.00	重量(t)
墙架(空腹式)	0.50	
墙架(格板式)	0.82	
钢柱、吊车梁、花式梁、柱、空花构件	0.63	
操作台、走台、制动梁、钢梁车挡	0.71	
钢栅栏门、窗栅	1.71	
钢爬梯	1.18	
轻型屋架	1.42	
踏步式钢扶梯	1.05	
零星铁件	1.32	

2.5.4　典型案例分析

【案例 2-19】已知墙裙高 1.5m，窗台高 1.0m，窗洞侧油漆宽 100mm。墙厚为 240mm，门窗尺寸如图 2-65 所示，试计算房间内墙墙裙刷漆工程量并计价(注：在抹灰面上刷涂调和漆)。

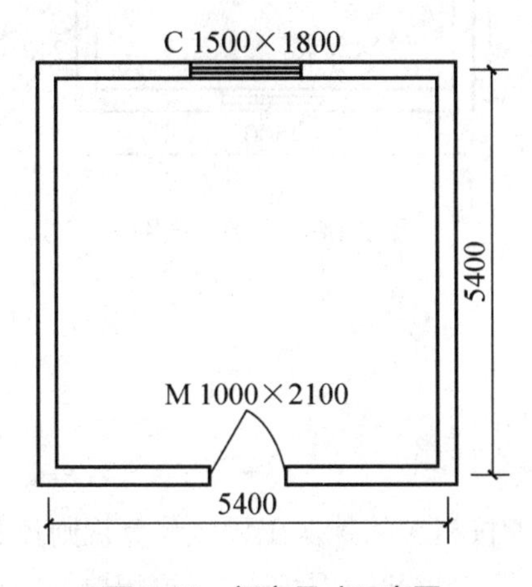

图 2-65　门窗尺寸示意图

【案例分析】

(1) 列项。

内墙墙裙刷漆工程量(LE0149)。

(2) 计算工程量。

抹灰面油漆、涂料工程量按相应的抹灰工程量计算规则计算。

内墙墙裙刷漆工程量=内墙墙裙净面积−门、窗洞口的面积

$=(5.4-0.12\times2)\times4\times1.5-[1.5\times(1.5-1.0)+1.5\times1.0]$

$=28.71(\text{m}^2)$

(3) 套用计价定额。

计算结果见表 2-25。

表 2-25 计算结果

序号	定额编号	项目名称	计量单位	工程量	综合单价/元	合价/元
1	LE0149	内墙墙裙刷漆工程量	10m^2	2.87	102.61	294.49
合计						294.49

【案例 2-20】某房间内墙喷刷涂料。做法为：满批刮腻子两遍，刷涂料两遍。已知楼层高 3.3m，预制空心楼板厚 120mm，墙厚为 240mm，门窗尺寸如图 2-66 所示，试计算房间内墙刷喷刷涂料工程量并计价。

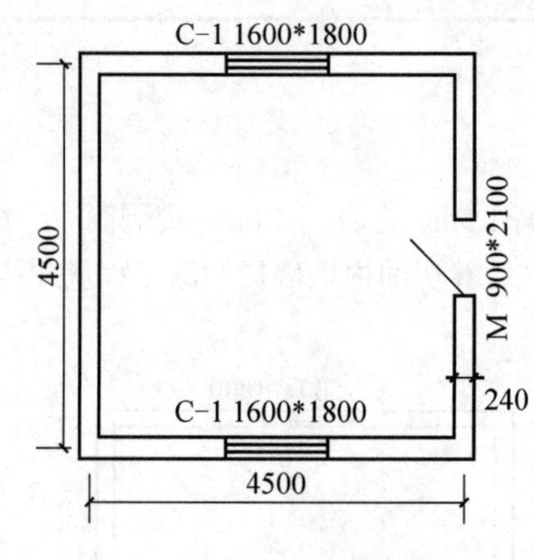

图 2-66 内墙示意图

【案例分析】

(1) 列项。

内墙刷喷刷涂料(LE0185)。

(2) 计算工程量。

抹灰面油漆、涂料工程量按相应的抹灰工程量计算规则计算。

内墙刷喷刷涂料工程量=内墙墙裙净面积−门、窗洞口的面积

$=(4.5-0.24)\times4\times(3.3-0.12)-0.9\times2.1-1.6\times1.8\times2$

$=46.54(\text{m}^2)$

(3) 套用计价定额。

计算结果见表 2-26。

表 2-26 计算结果

序号	定额编号	项目名称	计量单位	工程量	综合单价/元	合价/元
1	LE0185	内墙刷喷刷涂料	$10m^2$	4.65	157.83	733.91
合计						733.91

【案例 2-21】某建筑平面图、立面图、门窗图如图 2-67 所示，外墙刷真石漆墙面，全玻璃门、推拉窗，居中立樘，框厚 80mm，墙厚 240mm。试计算外墙刷真石漆工程量并计价。

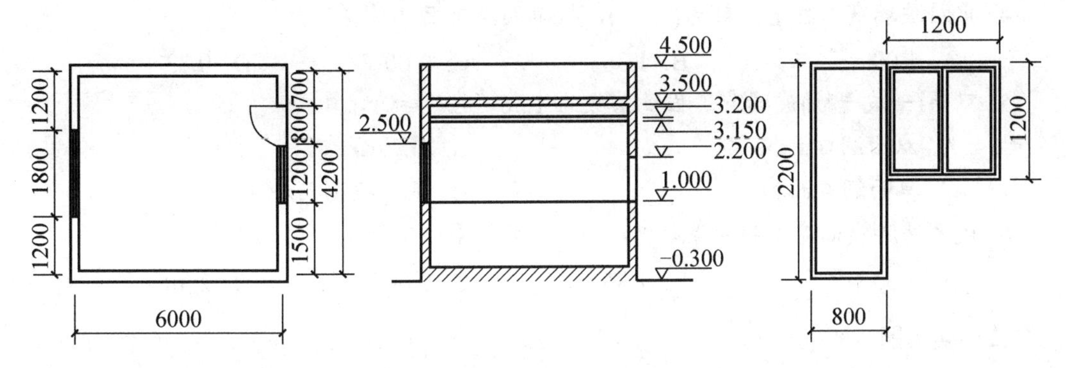

图 2-67 某建筑平面图、立面图、门窗图

【案例分析】

(1) 列项。

外墙刷真石漆(LE0169)。

(2) 计算工程量。

抹灰面油漆、涂料工程量按相应的抹灰工程量计算规则计算。

外墙面刷真石漆工程量=墙面工程量-门、窗洞口的面积

=(6.24+4.44)×2×4.8-(1.76 门+1.44 门连窗+2.7 单独窗)

=96.63(m^2)

(3) 套用计价定额。

计算结果见表 2-27。

表 2-27 计算结果

序号	定额编号	项目名称	计量单位	工程量	综合单价/元	合价/元
1	LE0169	外墙刷真石漆	$10m^2$	9.66	1000.03	9660.29
合计						9660.29

思考与训练

一、单项选择题

1. 木质窗帘盒的油漆工程量按(　　)计算乘以定额规定的工程量系数。

A. 延长米　　B. 展开面积

C. 水平投影面积　　D. 水平投影长度

2. 双层(一板一纱)木门的油漆工程量按(　　)计算乘以定额规定的工程量系数。

A. 双面洞口面积　　B. 木门的体积

C. 单面洞口面积　　D. 木门的展开面积

3. 一板一纱木门油漆工程量系数为(　　)。

A. 1.00　　B. 1.36　　C. 0.83　　D. 1.25

4. 单层玻璃窗工程量系数为(　　)，按单面洞口面积计算。

A. 1.00　　B. 1.36　　C. 2.00　　D. 0.83

5. 双层(一玻一纱)玻璃窗工程量系数为 1.36，按(　　)计算。

A. 双面洞口面积　　B. 展开面积

C. 单面洞口面积　　D. 水平投影面积

6. 硬木踢脚线油漆工程量系数为(　　)，按长乘以宽计算。

A. 1.00　　B. 1.36　　C. 2.00　　D. 2.30

二、实务题

1. 查阅本地区消耗量定额或计价定额，熟悉油漆、涂料及裱糊工程定额的说明、解释、计算规则。

2. 某建筑物平面、剖面如图 2-68 和图 2-69 所示。地面面层做法：在抹灰面上刮过氯乙烯腻子，涂刷过氯乙烯底漆和过氯乙烯树脂漆；墙面、顶棚满刮腻子，刷乳胶漆 3 遍，墙面与天棚相交处钉装木角线，尺寸为 50mm×50mm，木线刷硝基清漆。木墙裙面涂刷润油粉、硝基清漆 6 遍。木门(1.0m×2.7m)为单层镶板木门，涂刷润油粉、硝基清漆 6 遍；单层木窗(1.2m×1.8m)底油一遍，奶白色调和漆 3 遍。门窗洞口侧壁厚 80mm。试计算工程量，确定定额项目。

3. 假设上题中的建筑物，地面铺设地毯(单层不固定)，墙面粘贴壁纸，试计算工程量，确定定额项目。

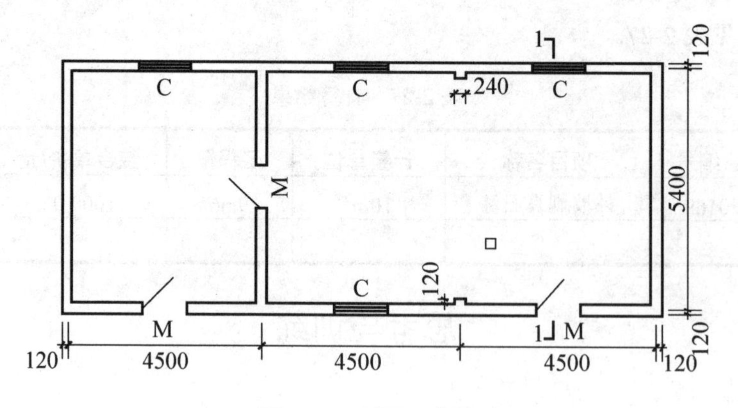

图 2-68　平面示意图

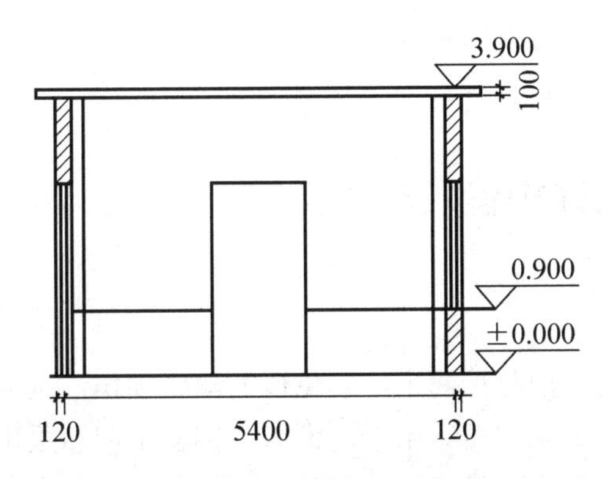

图 2-69 剖面示意图

4. 某天棚工程轻钢龙骨石膏板吊顶，平面、剖面示意图如图 2-70 和图 2-71 所示，面层贴发泡壁纸和金属壁纸，试计算该工程壁纸工程量，确定定额项目。

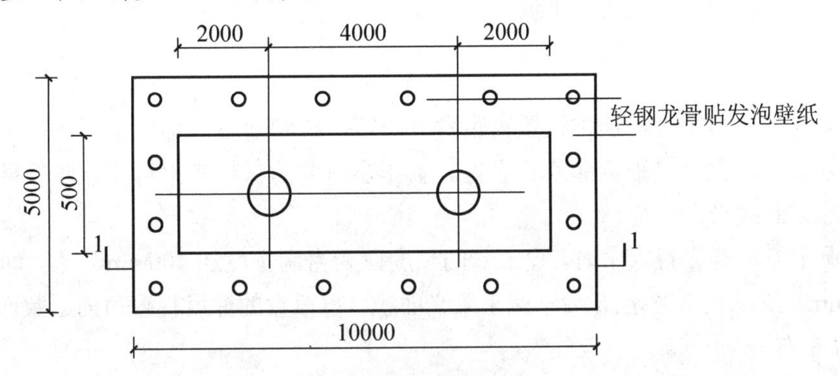

图 2-70 天棚平面示意图

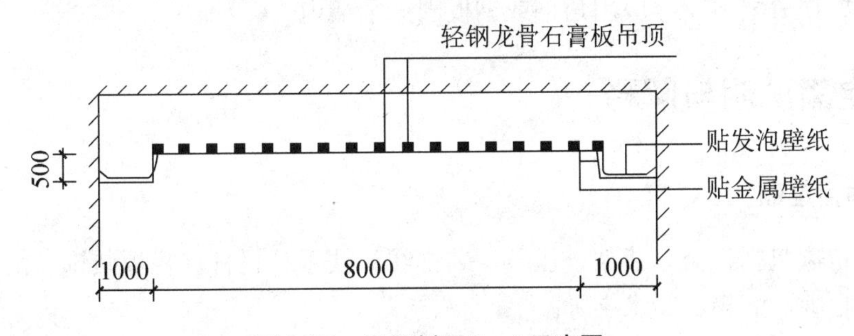

图 2-71 天棚剖面 1—1 示意图

项目 2.6 其他装饰工程

能力标准：

- 了解其他装饰工程的构造。
- 会进行其他装饰工程定额工程量的计算。

- 会查套定额项目并进行费用的计算。
- 会依据规定对定额项目进行调整换算。

2.6.1 其他装饰工程构造及施工工艺

1. 门窗套

门窗套将门窗洞口的周边包护起来，避免该处磕碰损伤，且易于清洁。门窗套一般采用与门窗扇相同的材料，如木门窗采用木门窗套，铝合金门窗采用铝合金门窗套。为取得特定的装饰效果，也可用陶质板材或石质板材做门窗套。

门窗套通常由贴脸板和筒子板组成，木制的贴脸板一般厚度为15～20mm、宽度为30～75mm，截面形式多样。在门窗框和墙面接缝处用贴脸板盖缝收头，沿门窗框另一边钉筒子板，门窗洞另一侧和上方也设筒子板。

2. 窗帘盒

窗内需要悬挂窗帘时，通常设置窗帘盒遮蔽窗帘棍和窗帘上部的栓环。窗帘盒可以仅在窗洞上方设置，也可以沿墙面通长设置。制作窗帘盒的材料有木材和金属板材，形状可做成直线形或曲线形。

在窗洞上方局部设置窗帘时，窗帘盒的长度应为窗洞宽度加400mm左右，即窗洞每侧伸出200mm左右，使窗帘拉开后不减小采光面积。窗帘盒的深度视窗帘的层数而定，一般为200mm左右。

窗帘盒三面用25mm×(100～150)mm板材镶成，通过铁件固定在过梁的墙身上。窗帘棍为木、铜、铁等材料，一般用角钢或钢板固定于墙内。

2.6.2 定额说明与解释

1. 本项目定额

本项目定额包括柜类、货架、压条、装饰线、扶手、栏杆、栏板装饰、浴厕配件、雨篷、旗杆、招牌、灯箱、美术字等。

2. 柜类、货架

柜台、收银台、酒吧台、货架、附墙衣柜等系参考定额，材料消耗量可以实时调整。

3. 压条、装饰线

(1) 压条、装饰线均按成品安装考虑。

(2) 装饰线条(顶角装饰线除外)按直线形在墙面安装考虑。墙面安装圆弧装饰线条以及天棚面安装直线形、圆弧形装饰线条的，按相应项目乘以系数执行。

① 墙面安装圆弧形装饰线条，人工乘以系数1.2，材料乘以系数1.1。

② 天棚面安装直线形装饰线条，人工乘以系数 1.34。

③ 天棚面安装圆弧形装饰线条，人工乘以系数 1.6，材料乘以系数 1.1。

④ 装饰线条做艺术图案，人工乘以系数 1.8，材料乘以系数 1.1。

⑤ 装饰线条直接安装在金属龙骨上，人工乘以系数 1.68。

(3) 石材、面砖磨边、开孔均按现场制作加工考虑，其中磨边按直形边考虑，圆弧形磨边时，按相应定额子目人工乘以系数 1.3 计算，其余不变。

(4) 打玻璃胶子目适用于墙面装饰面层单独打胶的情况。

4. 扶手、栏杆、栏板装饰

(1) 定额中铁件、金属构件除锈是按手工除锈编制的，若采用机械(喷砂或抛丸)除锈时，按金属工程章节相应定额子目执行。

(2) 定额中铁件、金属构件已包括刷防锈漆一遍，如设计需要刷第二遍及多遍防锈漆时，按金属工程章节相应定额子目执行。

(3) 扶手、栏杆、栏板项目(护窗栏杆除外)适用于楼梯、走廊、回廊及其他装饰性扶手、栏杆、栏板。

(4) 扶手、栏杆、栏板项目已综合考虑扶手弯头(非整体弯头)的费用。如遇木扶手、大理石扶手为整体弯头，弯头另按本项目相应定额子目执行。

(5) 设计栏杆、栏板的材料消耗量与定额不同时，其消耗量可以调整。

5. 浴厕配件

(1) 浴厕配件按成品安装考虑。

(2) 石材洗漱台安装不包括石材磨边、倒角及开面盆洞口，另执行本项目相应定额子目。

6. 雨篷、旗杆

(1) 点支式、托架式雨篷的型钢、爪件的规格、数量是按照常规做法考虑的，当设计要求与定额不同时，材料消耗量可以调整，人工、机械不变。托架式雨篷的斜拉杆费用另行计算。

(2) 铝塑板、不锈钢面层雨篷项目按平面雨篷考虑，不包括雨篷侧面。

(3) 旗杆项目按常用做法考虑，未包括旗杆基础、旗杆台座及其饰面。

7. 招牌、灯箱

(1) 招牌、灯箱项目，当设计与定额考虑的材料品种、规格不同时，材料可以换算。

(2) 平面招牌是指安装在墙面上；箱体招牌、竖式标箱是指六面体固定在墙面上；沿雨篷、檐口、阳台走向的立式招牌，按平面招牌项目执行。

(3) 广告牌基层以附墙方式考虑，当设计为独立的时候，按相应定额子目执行，其中人工乘以系数 1.10。

(4) 招牌、灯箱定额子目均不包括广告牌所需喷绘、灯饰、灯光、店徽、其他艺术装

饰及配套机械。

8. 美术字

(1) 美术字按成品安装固定编制。

(2) 美术字不分字体均执行本定额。

(3) 美术字按最大外接矩形面积区分规格，按相应项目执行。

2.6.3 工程量计算规则

1. 柜类、货架

柜台、收银台、酒吧台按照设计图示尺寸以“延长米”计算；货架、附墙衣柜类按设计图示尺寸以正立面的高度(包括脚的高度在内)乘以宽度以 m^2 计算。

2. 压条、装饰线

(1) 木装饰线、石膏装饰线、金属装饰线、石材装饰线条按照设计图示长度以“m(米)”计算。

装饰线条计算时首先要参照定额子目的划分，分别计算不同分类线条相应的工程量。装饰线条断部切角拼缝的，按照最大长度计算，如图 2-72 所示。

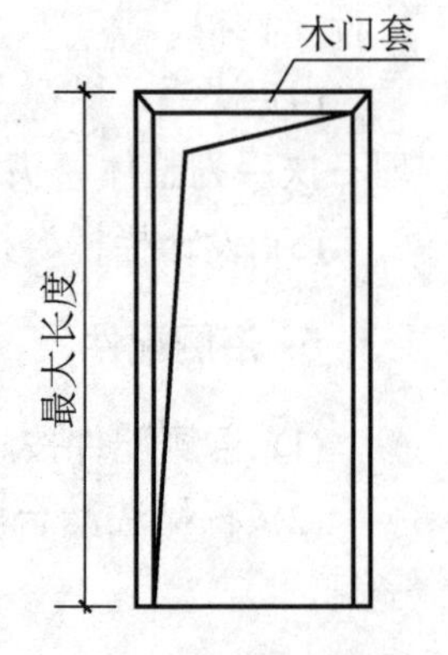

图 2-72　门套线示意图

(2) 柱墩、柱帽、木雕花饰件、石膏角花、灯盘按设计图示数量以“个”计算。

(3) 石材磨边、面砖磨边按长度以“延长米”计算。

(4) 打玻璃胶按长度以“延长米”计算。

3. 扶手、栏杆、栏板装饰

(1) 扶手、栏杆、栏板、成品栏杆(带扶手)按设计图示以扶手中心线长度以“延长米”计算，不扣除弯头长度。如遇木扶手、大理石扶手为整体弯头时，扶手消耗量需扣除整体弯头的长度，设计不明确者，每只整体弯头按 400mm 扣除。

(2) 单独弯头按设计图示数量以“个”计算。

4. 浴厕配件

(1) 石材洗漱台按设计图示台面外接矩形面积以 m^2 计算，不扣除孔洞、挖弯、削角所占面积，挡板、吊沿板面积并入台面面积。

(2) 镜面玻璃(带框)、盥洗室木镜箱按设计图示边框外围面积以 m^2 计算。

(3) 镜面玻璃(不带框)按设计图示面积以 m^2 计算。

(4) 安装成品镜面按设计图示数量以“套”计算。

(5) 毛巾环、肥皂盒、金属帘子杆、浴缸拉手、毛巾杆安装等按设计图示数量以“副”或“个”计算。

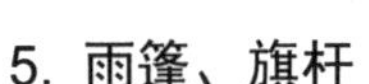

5. 雨篷、旗杆

(1) 雨篷按设计图示水平投影面积以 m^2 计算。

(2) 不锈钢旗杆按设计图示数量以“根”计算。

(3) 电动升降系统和风动系统按设计数量以“套”计算。

6. 招牌、灯箱

(1) 平面招牌基层按设计图示正立面边框外围面积以 m^2 计算，复杂凹凸部分也不增减。

(2) 沿雨篷、檐口或阳台走向的立式招牌基层，按平面招牌执行时，应按展开面积以 m^2 计算。

(3) 箱体招牌和竖式标箱的基层，按设计图示外围体积以 m^3 计算。

(4) 招牌、灯箱上的店徽及其他艺术装潢等均另行计算。

(5) 招牌、灯箱的面层按设计图示展开面积以 m^2 计算。

(6) 广告牌钢骨架按设计图示尺寸计算的理论质量以“t(吨)”计算。型钢按设计图纸的规格尺寸计算(不扣除孔眼、切边、切肢的质量)。钢板按几何图形的外接矩形计算(不扣除孔眼质量)。

7. 美术字

美术字的安装按字的最大外围矩形面积以“个”计算。

2.6.4 典型案例分析

【案例 2-22】某大理石洗漱台如图 2-73 所示，台面、挡板、吊沿均采用金花米黄大理石，用钢架子固定，试计算其工程量并计价。

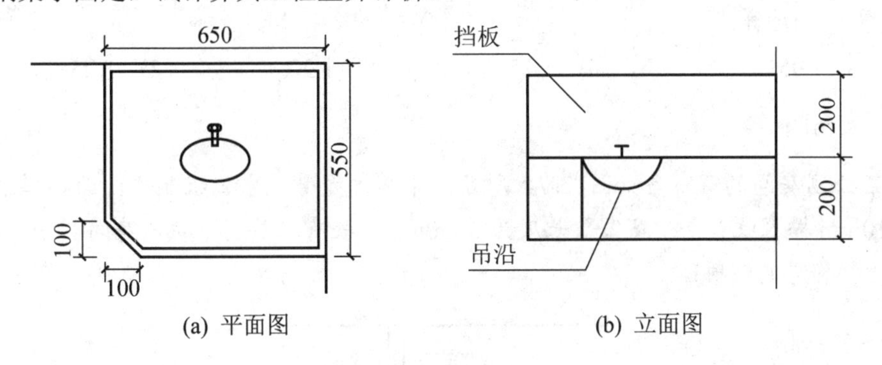

(a) 平面图　　(b) 立面图

图 2-73　某大理石洗漱台

【案例分析】

(1) 列项。

大理石洗漱台(LF0112)。

(2) 计算工程量。

洗漱台定额工程量(洗漱台按外接矩形计算，挡板和吊沿并入台面面积)。

洗漱台外接矩形 $S_1=0.65\times0.55=0.36(m^2)$

挡板 $S_2=(0.65+0.55)\times0.15=0.18(m^2)$

吊沿 $S_3=(0.45+0.1\times1.414+0.55)\times0.2=0.23(m^2)$

$S=S_1+S_2+S_3=0.77(m^2)$

(3) 套用计价定额。

计算结果见表 2-28。

表 2-28 计算结果

序号	定额编号	项目名称	计量单位	工程量	综合单价/元	合价/元
1	LF0112	大理石洗漱台	$10m^2$	0.077	5544.62	426.94
合计						426.94

思考与训练

一、单项选择题

1. 定额装饰线条是按直线安装编制，如顶棚面安装圆弧装饰线条，人工乘以系数(　　)。

A. 1.0　　B. 1.2　　C.1.4　　D. 1.6

2. 复杂形式招牌、灯箱是指(　　)。

A. 矩形　　B. 表面无凹凸造型

C. 异型　　D. 表面平整

3. 木楼梯斜长部分的栏板、栏杆、扶手，按平台梁与连接梁外沿之间的水平投影长度，乘以系数(　　)计算。

A. 1.05　　B. 1.15　　C. 1.20　　D. 1.25

二、实务题

1. 某公寓房间的窗帘盒如图 2-74 所示，采用木龙骨细木工板制作，面贴榉木夹板，12mm×10mm 榉木收口条。窗帘盒长度为 3300mm，装有双层窗帘轨，房间共 60 间。试计算工程量，确定定额项目。

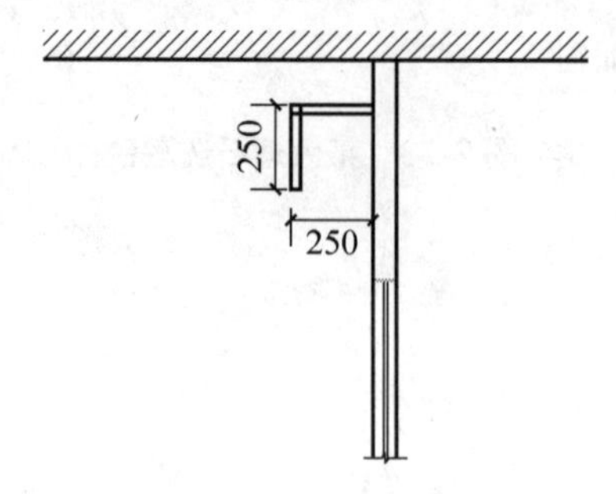

图 2-74 窗帘盒示意图

2. 某宾馆卫生间洗漱台采用双孔黑色大理石台面板，台面尺寸为 2200mm×550mm；裙边、挡水板均为黑色大理石板，宽度为 250mm，通长设置；墙面设置无边框玻璃镜，单面镜子尺寸为 1800mm×900mm，共两面镜子。试计算洗漱台工程量，确定定额项目。

项目 2.7 垂直运输和超高降效

能力标准：

- 会进行垂直运输和超高降效工程量的计算。
- 会查套定额项目并进行费用的计算。
- 会依据规定对定额项目进行调整换算。

2.7.1 定额说明与解释

(1) 垂直运输工作内容包括单位工程在合理工期内完成全部工程项目所需要的垂直运输机械台班；建筑物超高施工降效费是指单层建筑檐高大于 20m、多层建筑物大于 6 层或檐高大于 20m 的人工机械降效、通信联络、高层加压水泵的台班费。

(2) 建筑物檐高是以设计室外地坪至檐口滴水的高度(平屋顶系指屋面板底高度、斜屋面系指外墙外边线与斜屋面板底的交点)为准。突出主体建筑物屋顶的楼梯间、电梯间、水箱间、屋面天窗、构架、女儿墙等不计入檐高之内。

(3) 本定额装饰工程垂直运输费是按人工结合机械(含施工电梯)综合编制的，主要材料利用已有的设备(不收取使用费)进行垂直运输的，按相应子目人工乘以系数 0.8、机械乘以系数 0.4 执行；主要材料全部通过人力进行垂直运输的，按相应子目乘以系数 1.3 执行。

(4) 单层建筑物檐高大于 20m 时，按全部定额工日计算超高施工降效费，执行相应檐高定额子目乘以系数 0.2；多层建筑物大于 6 层或檐高大于 20m 时，均应按超高部分的楼层定额工日计算超高施工降效费，超过 20m 时不足一层按一层计算，所在楼层高度处于跨定额子目步距时，按该层顶标高对应的相应定额子目计算。

(5) 檐高 3.6m 以内的单层装饰工程，不计算垂直运输机械费。

(6) 本定额垂直运输层高按 3.6m 考虑，如超过 3.6m 时，每超过 1m(不足 1m 按 1m 计算)，按相应定额增加系数 10%计算。

(7) 同一建筑物有几个不同室外地坪或檐口标高时，应按纵向分割的原则分别确定檐高；室外地坪标高以同一室内地坪标高面相应的最低室外地坪标高为准。

2.7.2 工程量计算规则

1. 建筑物垂直运输

建筑物垂直运输工程量分别按不同的垂直运输高度(单层建筑物系檐高)以定额工日

计算。

2. 超高施工

超高施工增加工程量应区别不同的垂直运输高度(单层建筑物系檐高)，檐高大于 20m 的单层建筑物按单位工程工日计算；多层建筑物按建筑物超高部分(大于 6 层或檐高大于 20m)的定额工日计算。

2.7.3 典型案例分析

【案例 2-23】××写字楼。28 层，层高为 4.5m，总高度为 126m，整栋楼进行内外装饰，怎样计算垂直运输及超高施工增加工程量？

【案例分析】

1. 垂直运输工程量

查定额子目设置布局垂直运输高度分别为 30m、40m、70m、100m、140m。

(1) 套用 30m 内垂直运输定额子目工程量为：第一至六层装饰工程量；第七层高度跨越了 30m。

(2) 套用 40m 内垂直运输定额子目工程量为：第七至八层装饰工程量。

(3) 套用 70m 内垂直运输定额子目工程量为：第九至十五层装饰工程量。

(4) 套用 100m 内垂直运输定额子目工程量为：第十六至二十二层装饰工程量。

(5) 套用 140m 内垂直运输定额子目工程量为：第二十三至二十八层装饰工程量。

2. 超高施工增加费

(1) 套用 40m 内超高施工增加费定额子目工程量为：第五至八层装饰工程量(第一至四层属于 20m 以下不计超高施工增加费)。

(2) 套用 60m 内超高施工增加费定额子目工程量为：第九至十三层装饰工程量。

(3) 套用 80m 内超高施工增加费定额子目工程量为：第十八至十七层装饰工程量。

(4) 套用 100m 内超高施工增加费定额子目工程量为：第七至二十二层装饰工程量。

(5) 套用 140m 内超高施工增加费定额子目工程量为：第二十三至二十八层装饰工程量。

装饰工程的垂直运输及超高施工增加费要根据其定额步距设置分别计算工程量并套用相应定额子目。

项目 2.8 定额计价模式装饰工程造价文件的编制

能力标准：

- 掌握施工图预算编制内容与步骤。

- 会编制装饰工程施工图预算书。

2.8.1　施工图预算编制内容与步骤

工程造价文件的编制是一个综合的过程，它综合了前述各项目的内容。

1. 施工图预算书的内容

施工图预算书主要包括以下内容。

(1) 封面：按造价管理部门印制的样品。

(2) 编制说明：包括工程概况、编制范围和编制依据等。

(3) 以定额基价直接工程费为计算基础的各专业工程计价表。

① 工程取费表。

② 工程预(结)算表。

③ 工程主要材料用量表。

④ 工程人工、材料、机械台班用量统计表。

⑤ 人工费、材料费价差调整表。

⑥ 按实计算费用表。

(4) 以定额基价人工费为计算基础的各专业工程计价表。

① 工程取费表。

② 工程预(结)算表。

③ 未计价材料表。

④ 人工费、材料费价差调整表。

⑤ 按实计算费用表。

(5) 工程量计算书。

2. 工程预算书的编制步骤

编制施工图预算，在满足编制条件的前提下，定额计价法一般可按下列程序进行，如图 2-75 所示。

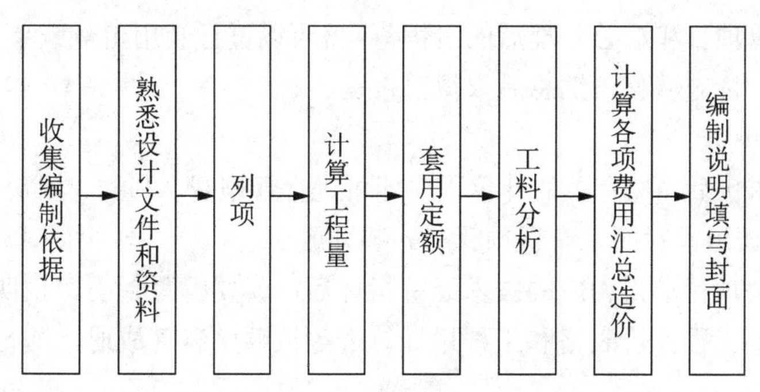

图 2-75　定额计价模式施工图预算编制程序

1) 收集编制依据

收集编制依据主要包括经过交底会审后的施工图纸、施工组织设计、定额、工人工资标准、材料预算价格、机械台班价格、单位估价表(包括各种补充规定)及各项费用的收费率标准、有关的计算手册、标准图集、工程施工合同和现场情况等资料。

2) 熟悉设计文件和资料

施工图纸是编制预算的主要依据。只有在对设计图纸进行全面详细的了解并结合定额项目划分的原则上，正确而全面地分析该工程中各分部分项工程以后，才能准确无误地对工程项目进行划分，以保证正确地计算出工程量和工程造价。

施工组织设计是根据施工图纸、组织施工的基本原则以及现场的实际情况等资料编制的用以指导拟建工程施工过程中各项活动的技术、经济组织的综合性文件。编制工程预算前应熟悉并注意施工组织设计中影响工程预算造价的有关内容，严格按照施工组织设计所确定的施工方法和技术组织措施等要求，准确计算工程量，套用相应的定额项目，使施工图预算能够反映客观实际。

计价定额或单位估价表是编制工程施工图预算基础资料的主要依据。因此，在编制预算之前熟悉和了解工程预算定额或单位估价表的内容、形式和使用方法，是结合施工图纸迅速、准确地确定工程项目和计算工程量的根本保证。

3) 列项

在工程预算编制步骤中，项目划分具有极其重要的作用，它可使工程量计算有条不紊，避免漏项和重项。如装饰工程分部分项子目的划分和确定，可先列出各分部工程的名称，再列出分项工程的名称，最后逐个列出与该工程相关的定额子目名称。

4) 计算工程量

工程量是以规定的计量单位(自然计量单位或法定计量单位)所表示的各分项工程或结构件的数量，是编制预算的原始数据。

在建筑装饰工程中，有些项目采用自然计量单位，如淋浴隔断以“间”为单位；而有些则是采用法定计量单位，如楼梯栏杆扶手等以 m 为单位，墙面、地面、柱面、顶棚和铝合金工程等以 m^2 为单位。

5) 套用定额或单位估价表

根据所列计算项目和汇总整理后的工程量，就可以进行套用定额或单位估价表的单价，进行工料机分析，价差调整，汇总后求得直接费。

6) 计算各项费用

定额直接费求出后，按有关的计价程序即可进行管理费、利润、规费和税金等的计算。

7) 编制说明、填写封面、整理预算书、装订成册

根据上述有关项目求得相应的技术经济指标后，就要编写封面、说明等。将封面、汇总表、编制说明、工程计价表格和工程量计算表等按顺序装订成册，即形成完整的工程施工图预算书。

2.8.2 装饰工程施工图预算书的编制

1. 工程概况

1) 经理办公室的装修施工图

经理办公室的装修施工图详见图2-76至图2-80。

2) 经理办公室装修工程的设计说明

(1) 本工程为土建初步完成后的室内二次装修，不包括室外装修。土建交楼时地面已做找平层，墙体已砌筑，墙柱面已抹完底灰；除B立面墙为180mm砖墙外，其他间隔墙均为120mm砖墙。

(2) 顶棚为木骨架9mm胶合板基层及轻钢龙骨9mm石膏板基层，面油调和漆(底油一遍面油两遍)。其他造型要求详见图纸。

(3) 墙面贴装饰墙纸，Z_1柱和Z_2为木龙骨9mm胶合板基层，榉木胶合板饰面，面油硝基清漆。

(4) *B*立面的窗帘盒为宽300mm、高300mm内藏式木夹板窗帘盒，盒内油调和漆；宽130mm、厚20mm大理石窗台板，现场磨边、抛光；宽100mm窗洞侧边贴装饰墙纸，90mm系列双扇带上亮铝合金推拉窗，百叶窗帘。门为木龙骨胶合板门扇，外贴榉木胶合板油硝基清漆。

(5) 为了防火，顶棚、包柱的木龙骨及胶合板基层均油防火漆两遍。

(6) 层高为3.2m。首层，共一层。现场交通状况良好，运输方便。其他详见图纸。

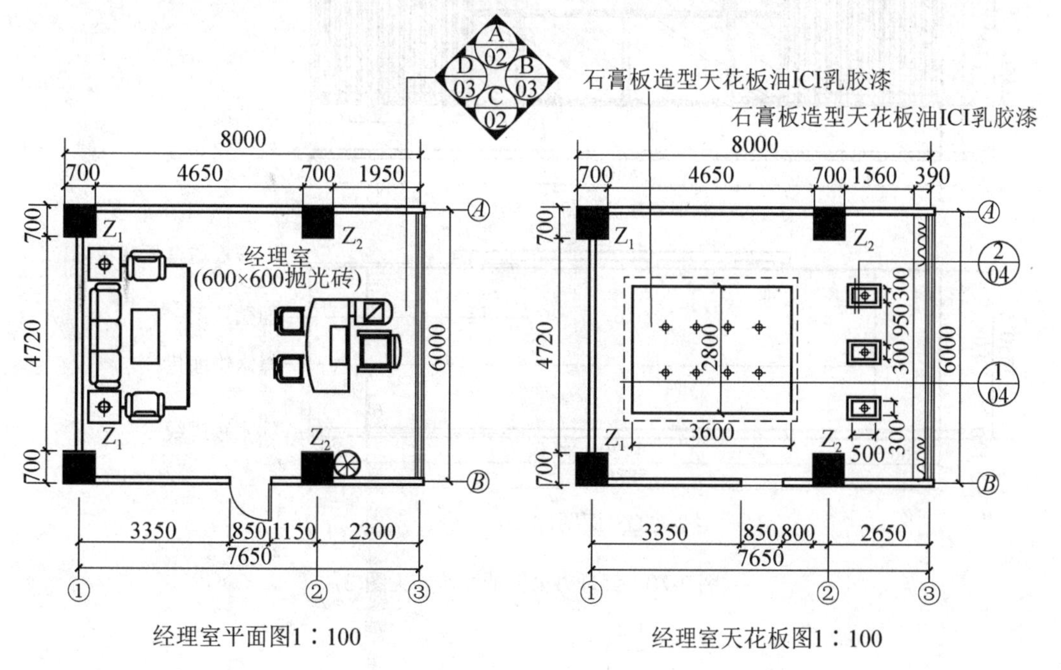

图2-76 经理办公室的装修施工图(1)

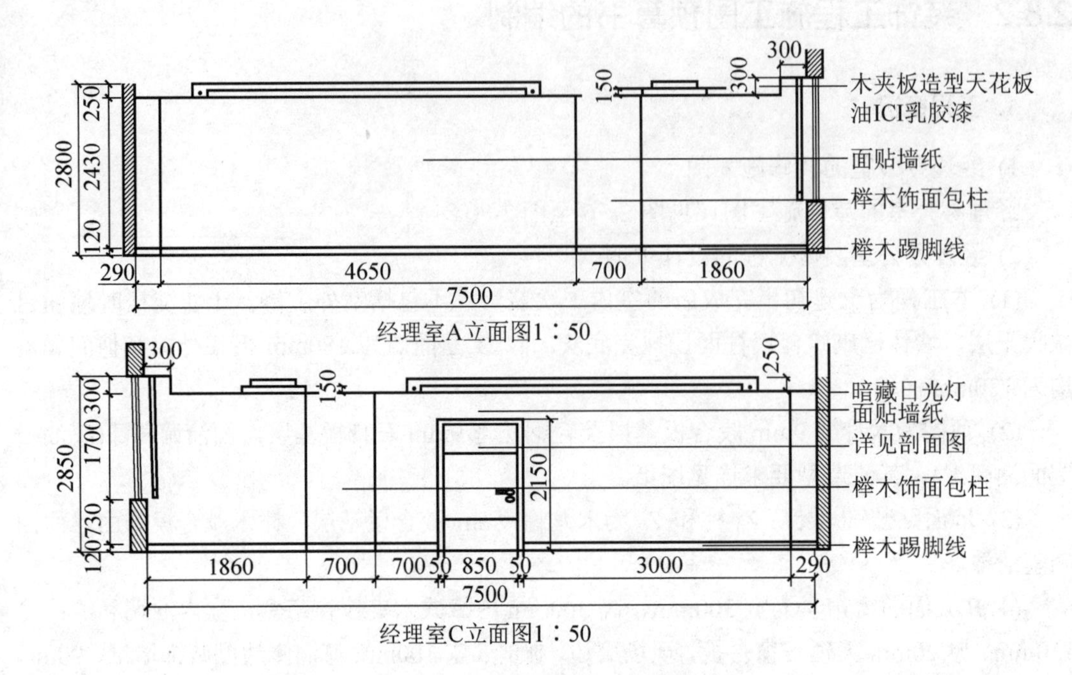

图 2-77　经理办公室的装修施工图(2)

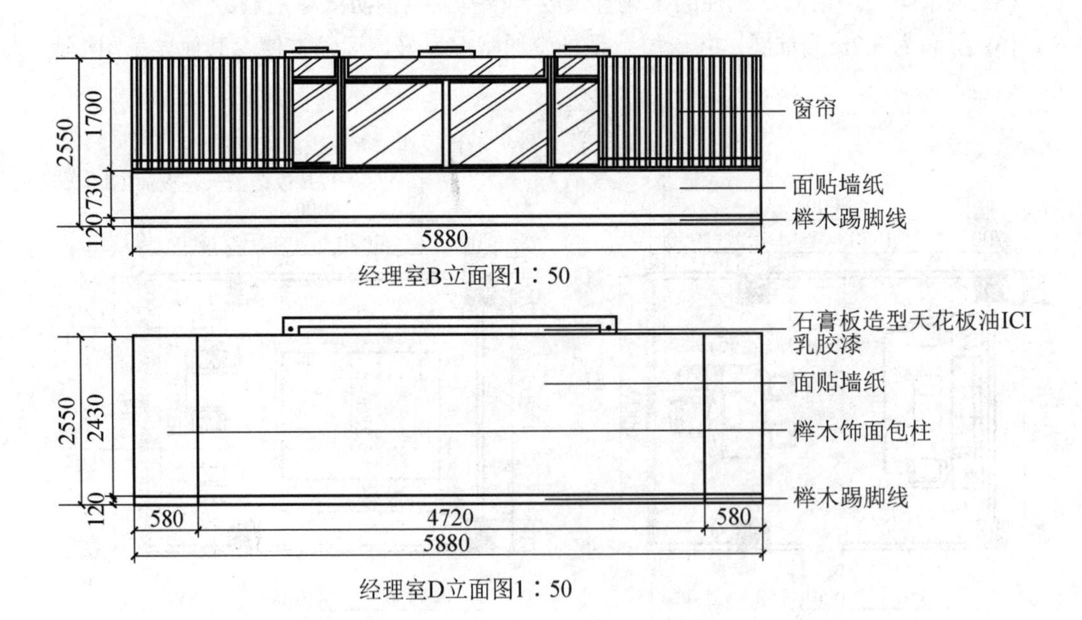

图 2-78　经理办公室的装修施工图(3)

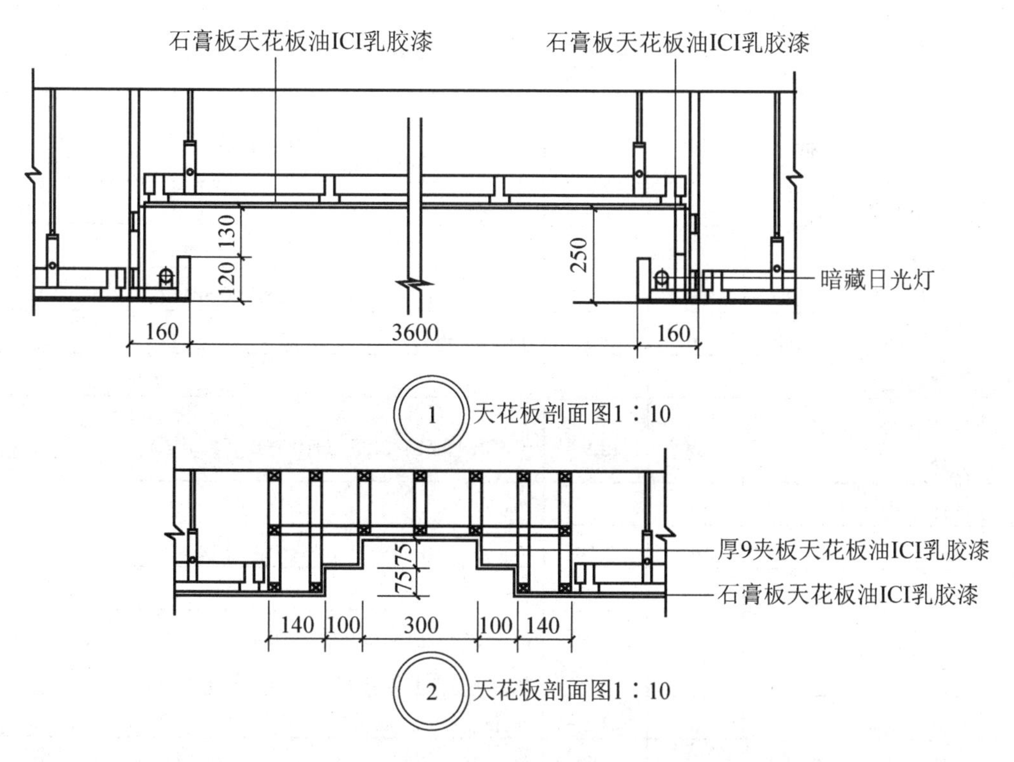

图 2-79 经理办公室的装修施工图(4)

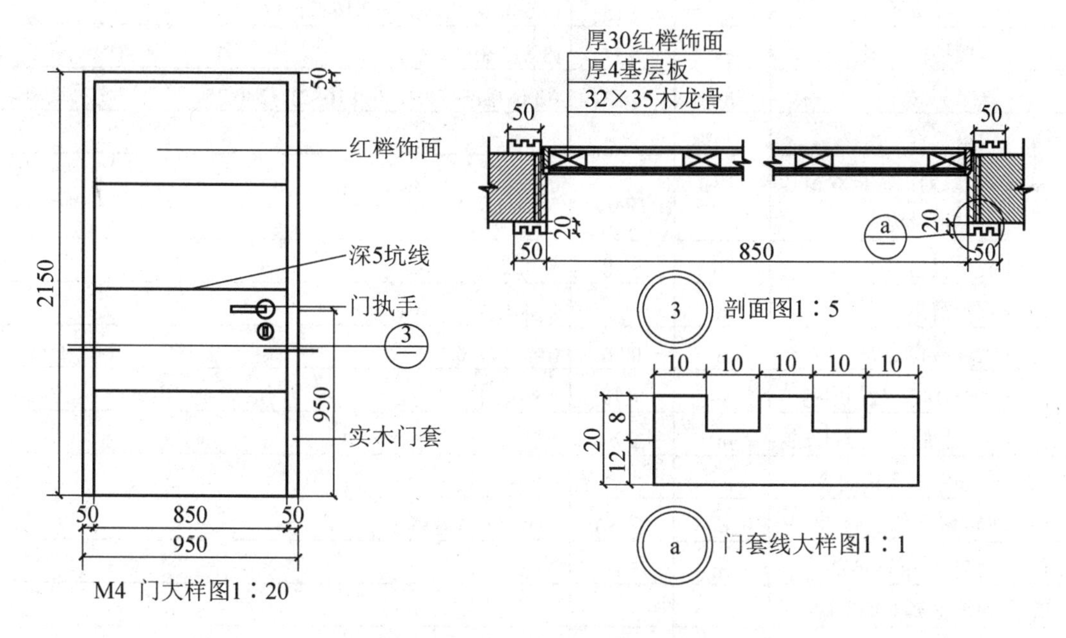

图 2-80 经理办公室的装修施工图(5)

2. 工程量计算

工程量按照定额计算规则进行计算。具体计算过程详见表 2-29。

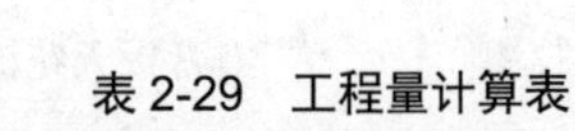

表 2-29　工程量计算表

序号	工程项目名称	单位	数量	计 算 式
	分部分项工程			
一	楼地面工程			
1	600×600 抛光砖地面	m^2	42.95	7.5×5.88−0.7×0.58×2− (0.58/2+0.58)×2
2	榉木饰面胶合板踢脚线	m	28.13	[(7.5+0.58×2)+5.88]×2−0.95
二	墙柱面工程			
3	木龙骨榉木饰面板包方柱	m^2	13.92	(0.58/2+0.58)×2.55×2+(0.7+0.58×2)×2.55×2
三	顶棚工程			
4	顶棚木龙骨	m^2	2.29	[0.3+(0.1+0.14)×2]×[0.5+(0.1+0.14)×2]
5	顶棚 U 形轻钢龙骨	m^2	41.81	7.5×5.88−2.29
6	顶棚胶合板	m^2	3.19	[0.3+(0.1+0.14)×2]×[0.5+(0.1+0.14)×2]×3+{[(0.3+0.1×2+0.5+0.1×2)×2×0.075]+[(0.3+0.5)×2×0.075]}×3
7	顶棚石膏板	m^2	51.53	44.1+2.15+1.54+3.52
	其中：石膏板水平投影面积(不含灯槽)	m^2	41.81	同序号 5 的计算式
	灯槽底板面积	m^2	2.15	(3.6+0.16×2)×(2.8+0.16×2)−3.6×2.8
	灯槽挡板面积	m^2	1.54	(3.6+2.8)×2×0.12
	跌级侧立面	m^2	3.52	[(3.6+0.16×2)+(2.8+0.16×2)]×2×0.25
四	门窗工程			
8	90 系列铝合金双扇带上亮推拉窗	m^2	10.00	5.88×1.7
9	胶合板窗帘盒	m	5.88	6−0.12
10	百叶窗帘	m^2	10.00	5.88×1.7
11	大理石窗台板	m^2	0.76	(6−0.12)×0.13
12	木龙骨胶合板门扇制作	m^2	1.79	0.85×2.1
13	木龙骨胶合板门扇安装	m^2	1.79	0.85×2.1
14	门面贴榉木饰面板	m^2	3.57	0.85×2.1×2
15	50mm 宽门贴脸	m	10.50	(0.95+2.15×2) ×2
16	门扇上 5mm 凹线	m	5.10	0.85×3
五	油漆涂料裱糊工程			
17	木门刷硝基清漆	m^2	1.79	同序号 12 的计算式
18	包柱	m^2	13.92	同序号 3 的计算式
19	包柱木龙骨刷防火漆两遍	m^2	13.92	同序号 3 的计算式

续表

序号	工程项目名称	单位	数量	计 算 式
20	包柱基层板刷防火漆两遍	m^2	13.92	同序号 3 的计算式
21	顶棚木龙骨(含基层板)刷防火漆两遍	m^2	2.29	同序号 4 的计算式
22	顶棚石膏板面刷调和漆	m^2	51.53	同序号 7 的计算式
23	顶棚胶合板面、窗帘盒刷调和漆	m^2	6.9	2.59+3.71
	其中：顶棚胶合板面	m^2	3.19	同序号 6 的计算式
	窗帘盒	m^2	3.71	5.88×(0.3+0.3)+0.3×0.3×2
24	墙面贴墙纸	m^2	46.34	15.82+4.17+0.99+13.89+11.47
	其中：*A* 立面	m^2	15.82	7.5×2.43−0.29×2.43−0.7×2.43
	B 立面	m^2	4.17	5.88×(0.73−0.02)
	C 立面	m^2	13.89	7.5×2.43−0.29×2.43−0.7×2.43−0.95×(2.15−0.12)
	D 立面	m^2	11.47	5.88×2.43−0.58×2×2.43
	窗洞口的侧壁	m^2	0.99	[(1.7+0.3)×2+5.88]×0.1
六	**其他工程**			
25	大理石窗台护理	m^2	0.76	(6−0.12)×0.13

3. 建筑装饰工程预算书

本实例装饰工程预算书由以下所列的几部分组成。具体表格可扫描二维码获取或从网上下载，其中包括附表 1-1 至附表 1-14。

(1) 装饰工程预算书封面，见附表 1-1。

(2) 编制说明，见附表 1-2。

(3) 工程取费表(多专业取费)，见附表 1-3。

(4) 工程预算表，见附表 1-4。

(5) 人工、材料、机械台班用量统计表，见附表 1-5。

(6) 人工费、材料费、机械费价差调整表，见附表 1-6。

(7) 工程预算表(未计价材料)，见附表 1-7。

(8) 未计价材料表，见附表 1-8。

(9) 计价和未计价材料进项税额计算表(多专业取费)，见附表 1-9。

(10) 材料费进项税额计算表(多专业取费)，见附表 1-10。

(11) 机械费进项税额计算表(多专业取费)，见附表 1-11。

(12) 组织措施费进项税额计算表，见附表 1-12。

(13) 住宅工程质量分户验收费进项税计算表，见附表 1-13。

(14) 进项税额汇总计算表，见附表 1-14。

附表 1 某经理办公室装饰工程预算书.xls

思考与训练

一、多项选择题

1. 编制施工图预算时，其编制依据主要有(　　)。

A. 施工定额　　B. 消耗量定额

C. 施工组织设计或施工方案　　D. 工料机价格信息

E. 各项费用的费率标准

2. 利用统筹法计算工程量，其中传统的“三线一面”基数是指(　　)。

A. 外墙中心线长度　　B. 内墙中心线长度

C. 外墙外边线长度　　D. 内墙净长线长度

E. 底层建筑面积

二、实务题

某地区装饰工程费用计算程序如表 2-30 所示。现已根据相关资料计算出某装饰工程直接工程费为 21 万元，其中人工费为 3.4 万元，措施费为 1.3 万元，其中人工费为 0.5 万元。建筑面积为 500m^2。试按照给定的费率说明计算装饰工程费用(把表 2-30 填写完整)。

表 2-30　装饰工程费用表

序　号	费用名称	费　率	费用说明	金额/元
一	直接费		(一)+(二)	
(一)	直接工程费			
	其中：人工费 R_1			
(二)	措施费			
	其中：人工费 R_2			
二	企业管理费	50%	(R_1+R_2)×费率	
三	利润	20%	(R_1+R_2)×利润率	
四	规费	3.6%	(一+二+三)×费率	
五	税金	3.48%	(一+二+三+四)×税率	
六	装饰工程费用合计		一+二+三+四+五	
	单方造价/(元/m^2)			

单元 3　建筑装饰工程工程量清单计量与计价

学习目标：

掌握楼地面工程，墙柱面工程，天棚工程，油漆、涂料、裱糊工程，其他装饰工程，门窗工程，措施项目工程等工程量的计算规则及工程量清单的编制；会用地区计价定额进行工程量清单计价；具备应用工程量清单计价方式编制工程招标投标控制价和投标报价的能力。

引例：

某工程造价咨询公司编制某办公室装饰工程招标控制价，采用工程量清单计价方式。在此计价活动中，造价员主要完成哪些工作任务？工程量清单应如何编制？如何使用地区计价定额完成清单项目的综合单价组价？

项目 3.1　楼地面装饰工程

能力标准：

- 了解楼地面装饰工程分部分项工程的工程量清单编制内容。
- 会计算楼地面工程量清单工程量，会进行项目编码设置、项目特征描述。
- 会用地区计价定额进行综合单价组价。

3.1.1　计量规范及应用说明

根据《房屋建筑与装饰工程工程量计量规范》(GB 50854—2013)(以下简称《计量规范》)规定，楼地面装饰工程工程量清单项目划分共计 8 节 43 项，常用计量规范项目如下。

1. 整体面层及找平层

整体面层及找平层工程量清单项目的设置、项目特征描述、计量单位及工程量计算规则，应按表 3-1 的规定执行。

表 3-1　整体面层及找平层(编码：011101)

项目编码	项目名称	项目特征	计量单位	工程量计算规则
011101001	水泥砂浆楼地面	(1) 找平层厚度、砂浆配合比； (2) 素水泥浆遍数； (3) 面层厚度、砂浆配合比； (4) 面层做法要求	m^2	按设计图示尺寸以面积计算。扣除凸出地面构筑物、设备基础、室内铁道、地沟等所占面积，不扣除间壁墙和面积不大于 $0.3m^2$，柱、垛、附墙烟囱及孔洞所占面积。门洞、空圈、暖气包槽、壁龛的开口部分不增加面积
011101002	现浇水磨石楼地面	(1) 找平层厚度、砂浆配合比； (2) 面层厚度、水泥石子浆配合比； (3) 嵌条材料种类、规格； (4) 石子种类、规格、颜色； (5) 颜料种类、颜色； (6) 图案要求； (7) 磨光、酸洗、打蜡要求		
011101003	细石混凝土楼地面	(1) 找平层厚度、砂浆配合比； (2) 面层厚度、混凝土强度等级		
011101004	菱苦土楼地面	(1) 找平层厚度、砂浆配合比； (2) 面层厚度； (3) 打蜡要求		
011101005	自流坪楼地面	(1) 找平层砂浆配合比、厚度； (2) 界面剂材料种类； (3) 中层漆材料种类、厚度； (4) 面漆材料种类、厚度； (5) 面层材料种类		
011101006	平面砂浆找平层	找平层厚度、砂浆配合比		按设计图示尺寸以面积计算

2. 块料面层

块料面层工程量清单项目的设置、项目特征描述内容、计量单位及工程量计算规则，应按表 3-2 的规定执行。

表 3-2　块料面层(编码：011102)

项目编码	项目名称	项目特征	计量单位	工程量计算规则
011102001	石材楼地面	(1) 找平层厚度、砂浆配合比； (2) 结合层厚度、砂浆配合比； (3) 面层材料品种、规格、颜色； (4) 嵌缝材料种类； (5) 防护层材料种类； (6) 酸洗、打蜡要求	m^2	按设计图示尺寸以面积计算。门洞、空圈、暖气包槽、壁龛的开口部分并入相应的工程量内
011102002	碎石材楼地面			
011102003	块料楼地面			

3. 橡塑面层

橡塑面层工程量清单项目的设置、项目特征描述内容、计量单位及工程量计算规则应按表 3-3 的规定执行。

表 3-3 橡塑面层(编码：011103)

项目编码	项目名称	项目特征	计量单位	工程量计算规则
011103001	橡胶板楼地面	(1) 黏结层厚度、材料种类； (2) 面层材料品种、规格、颜色； (3) 压线条种类	m^2	按设计图示尺寸以面积计算。门洞、空圈、暖气包槽、壁龛的开口部分并入相应的工程量内
011103002	橡胶板卷材楼地面			
011103003	塑料板楼地面			
011103004	塑料卷材楼地面			

4. 其他材料面层

其他材料面层工程量清单项目的设置、项目特征描述内容、计量单位及工程量计算规则应按表 3-4 的规定执行。

表 3-4 其他材料面层(编码：011104)

项目编码	项目名称	项目特征	计量单位	工程量计算规则
011104001	地毯楼地面	(1) 面层材料品种、规格、颜色； (2) 防护材料种类； (3) 黏结材料种类； (4) 压线条种类	m^2	按设计图示尺寸以面积计算。门洞、空圈、暖气包槽、壁龛的开口部分并入相应的工程量内
011104002	竹、木(复合)地板	(1) 龙骨材料种类、规格、铺设间距； (2) 基层材料种类、规格； (3) 面层材料品种、规格、颜色； (4) 防护材料种类		
011104003	金属复合地板			
011104004	防静电活动地板	(1) 支架高度、材料种类； (2) 面层材料品种、规格、颜色； (3) 防护材料种类		

5. 踢脚线

踢脚线工程量清单项目的设置、项目特征描述、计量单位及工程量计算规则应按表 3-5 的规定执行。

表 3-5　踢脚线(编码：011105)

项目编码	项目名称	项目特征	计量单位	工程量计算规则
011105001	水泥砂浆踢脚线	(1) 踢脚线高度； (2) 底层厚度、砂浆配合比； (3) 面层厚度、砂浆配合比	(1) m^2 (2) m	(1) 以 m^2 计量，按设计图示长度乘以高度以面积计算； (2) 以“m(米)”计量，按“延长米”计算
011105002	石材踢脚线	(1) 踢脚线高度； (2) 粘贴层厚度、材料种类； (3) 面层材料品种、规格、颜色； (4) 防护材料种类		
011105003	块料踢脚线			
011105004	塑料板踢脚线	(1) 踢脚线高度； (2) 黏结层厚度、材料种类； (3) 面层材料种类、规格、颜色		
011105005	木质踢脚线	(1) 踢脚线高度； (2) 基层材料种类、规格； (3) 面层材料品种、规格、颜色		
011105006	金属踢脚线			
011105007	防静电踢脚线			

6. 楼梯面层

楼梯面层工程量清单项目的设置、项目特征描述、计量单位及工程量计算规则应按表 3-6 的规定执行。

表 3-6　楼梯面层(编码：011106)

项目编码	项目名称	项目特征	计量单位	工程量计算规则
011106001	石材楼梯面层	(1) 找平层厚度、砂浆配合比； (2) 黏结层厚度、材料种类； (3) 面层材料品种、规格、颜色； (4) 防滑条材料种类、规格； (5) 勾缝材料种类； (6) 防护材料种类； (7) 酸洗、打蜡要求	m^2	按设计图示尺寸以楼梯(包括踏步、休息平台及不大于 500mm 的楼梯井)水平投影面积计算。楼梯与楼地面相连时，计算至梯口梁内侧边沿；无梯口梁者，算至最上一层踏步边沿加 300mm
011106002	块料楼梯面层			
011106003	拼碎块料楼梯面层			
011106004	水泥砂浆楼梯面层	(1) 找平层厚度、砂浆、配合比； (2) 面层厚度、砂浆配合比； (3) 防滑条材料种类、规格		
011106005	现浇水磨石楼梯面层	(1) 找平层厚度、砂浆配合比； (2) 面层厚度、水泥石子浆配合比； (3) 防滑条材料种类、规格； (4) 石子种类、规格、颜色； (5) 颜料种类、颜色； (6) 磨光、酸洗、打蜡要求		

续表

项目编码	项目名称	项目特征	计量单位	工程量计算规则
011106006	地毯楼梯面层	(1) 基层种类； (2) 面层材料品种、规格、颜色； (3) 防护材料种类、规格； (4) 黏结材料种类； (5) 固定配件材料种类、规格	m^2	按设计图示尺寸以楼梯(包括踏步、休息平台及不大于500mm的楼梯井)水平投影面积计算。楼梯与楼地面相连时，计算至梯口梁内侧边沿；无梯口梁者，计算至最上一层踏步边沿加300mm
011106007	木板楼梯面层	(1) 基层材料种类、规格； (2) 面层材料品种、规格、颜色； (3) 黏结材料种类，防护材料种类		
011106008	橡胶板楼梯面层	(1) 黏结层厚度、材料种类； (2) 面层材料品种、规格、颜色； (3) 压线条种类		
011106009	塑料板楼梯面层			

7. 台阶装饰

台阶装饰工程量清单项目的设置、项目特征描述、计量单位及工程量计算规则应按表3-7的规定执行。

表3-7 台阶装饰(编码：011107)

项目编码	项目名称	项目特征	计量单位	工程量计算规则
011107001	石材台阶面	(1) 找平层厚度、砂浆、配合比； (2) 粘结材料种类； (3) 面层材料品种、规格、颜色； (4) 勾缝材料种类； (5) 防滑条材料种类、规格； (6) 防护材料种类	m^2	按设计图示尺寸以台阶(包括最上层踏步边沿加300mm)水平投影面积计算
011107002	块料台阶面			
011107003	拼碎块料台阶面			
011107004	水泥砂浆台阶面	(1) 找平层厚度、砂浆配合比； (2) 面层厚度、砂浆配合比； (3) 防滑条材料种类		
011107005	现浇水磨石台阶面	(1) 找平层厚度、砂浆配合比； (2) 面层厚度、水泥石子浆配合比； (3) 防滑条材料种类、规格； (4) 石子种类、规格、颜色； (5) 颜料种类、颜色； (6) 磨光、酸洗、打蜡要求		
011107006	剁假石台阶面	(1) 找平层厚度、砂浆配合比； (2) 面层厚度、砂浆配合比； (3) 剁假石要求		

8. 零星装饰项目

零星装饰项目工程量清单项目的设置、项目特征描述内容、计量单位及工程量计算规则应按表 3-8 的规定执行。

表 3-8　零星装饰项目(编码：011108)

项目编码	项目名称	项目特征	计量单位	工程量计算规则
011108001	石材零星项目	(1) 工程部位； (2) 找平层厚度、砂浆配合比； (3) 黏贴结合层厚度、材料种类； (4) 面层材料品种、规格、颜色； (5) 勾缝材料种类； (6) 防护材料种类； (7) 酸洗、打蜡要求	m^2	按设计图示尺寸以面积计算
011108002	拼碎石材零星项目			
011108003	块料零星项目			
011108004	水泥砂浆零星项目	(1) 工程部位； (2) 找平层厚度、砂浆配合比； (3) 面层厚度、砂浆厚度		

9. 其他说明

楼地面工程中，防水工程项目按《计量规范》(GB 50854—2013)附录 J 屋面及防水工程相关项目编码列项。

3.1.2　工程量清单计量与计价规范应用

【案例背景】某装饰工程二层大厅楼地面设计为大理石拼花图案，如图 3-1 所示，地面面积为 15×22=330(m^2)。地面中有钢筋混凝土柱 8 根，直径为 1.2m，楼地面找平层 1∶2 水泥砂浆 20mm。大理石图案为圆形，直径为 1.8m，图案外边线为 2.4m×2.4m，共 4 个。其余为规格块料点缀图案，规格块料 600mm×600mm，点缀 100 个，100mm× 100mm。试编制大理石地面分部分项工程工程量清单与计价表。

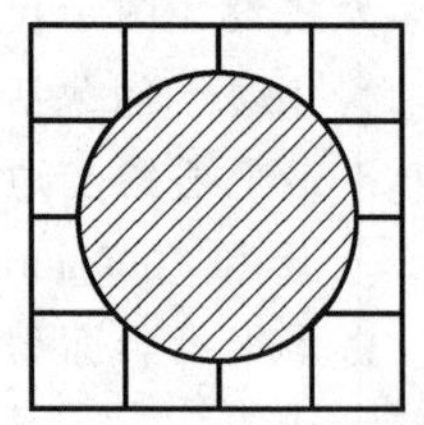

图 3-1　大理石拼花图案

【案例分析】

任务 1　编制大理石地面分部分项工程工程量清单。

根据《计量规范》(GB 50854—2013)中表 L.2(本书中表 3-2)块料面层列项。

工程内容：基层清理、抹找平层、面层铺设、磨边、嵌缝、刷防护材料、酸洗、打蜡、材料运输。

工程量：330−8×3.14×0.6×0.6=320.96(m^2)。

将上述结果及相关内容填入“分部分项工程及单价措施项目清单与计价表”，如表3-9所示。

表3-9 分部分项工程及单价措施项目清单与计价表

工程名称：某装饰工程　　第1页 共1页

序号	项目编码	项目名称	项目特征	计量单位	工程量	金额/元		
						综合单价	合价	其中：暂估价
1	011102001	石材楼地面	(1)找平层厚度、砂浆配合比； (2)结合层厚度、砂浆配合比； (3)面层材料品种、规格、颜色； (4)嵌缝材料种类； (5)防护层材料种类； (6)酸洗、打蜡要求	m^2	320.96	305.81	98106.09	

任务2 编制大理石地面分部分项工程工程量清单计价表。

依据《重庆市建筑工程与装饰工程计价定额》(CQJZZSDE—2018)组价。

综合单价计算如下。

(1) 项目发生的工作内容包括铺设找平层、大理石面层、地面酸洗和打蜡。

(2) 依据现行消耗量定额，计算工程量，确定定额项目。

① 1∶2水泥砂浆找平层工作量 $330-8\times3.14\times0.6\times0.6=320.96(m^2)$

套用定额AL0001子目。

② 大理石面层(规格块料)。

规格块料工程量 $320-2.4\times2.4\times4$(图案外边线)$=320.96-23.04=297.92(m^2)$

套用定额LA0001子目。

③ 大理石面层(图案)$3.14\times0.9\times0.9\times4=10.17(m^2)$。

图案套用定额LA0003子目。

④ 大理石面层(图案周边异形块料)。

异形块料工程量 $2.4\times2.4\times4$(图案外边线)$-10.17=23.04-10.17=12.87(m^2)$。

套用定额LA0007子目。

⑤ 大理石点缀。

工程量100(个)。

套用定额LA0005子目。

⑥ 楼地面酸洗、打蜡(石材表面刷养护液)。

工程量为 320.96m^2

套用定额 LA0082 子目。

(3) 分别计算清单项目每个计量单位应包含的各项工程内容的工程数量。

水泥砂浆找平层　320.96÷320.96=1.0。

大理石楼地面　297.92÷320.96=0.9282。

成品大理石拼图案 10.17÷320.96=0.0317。

大理石异形块料　12.87÷320.96=0.0401。

异形块料另加工料　12.87÷320.96=0.0401。

点缀大理石楼地面　100.0÷320.96=0.3125。

楼地面酸洗、打蜡　320.96÷320.96=1.0。

(4) 人、材、机单价选用市场信息价。

(5) 计算清单项目每计量单位所含各项工程内容的人工费、材料费、机械费。

(6) 根据企业情况确定管理费率 15.61%，利润率 9.61%，均以人工费为计费基础。

(7) 综合单价=人工费+机械费+材料费+管理费+利润

=68.64+216.07+1.66+19.43=305.81(元/m^2)

其中，各部分费用由各定额子目组成，如人工费=1∶2 水泥砂浆找平层人工费+大理石楼地面人工费+成品大理石拼图案人工费+异形块料另加工料人工费+点缀大理石楼地面人工费+楼地面酸洗、打蜡人工费，具体费用数据见表 3-10。

(8) 合价=清单工程量×综合单价=320.96×305.81=98106.09(元)(具体费用数据过程见表 3-9)。

(9) 将上述计算结果及相关内容填入“分部分项工程及单价措施项目清单与计价表”和“分部分项工程工程量清单综合单价分析表”中，如表 3-9 和表 3-10 所示。

表 3-10　分部分项工程工程量清单综合单价分析表

项目编码	011102001001			项目名称		石材楼地面			计量单位		m^2
清单综合单价组成明细											
定额编号	定额名称	定额单位	数量	单价				合价			
				人工费	材料费	机械费	管理费和利润	人工费	材料费	机械费	管理费和利润
AL0001	1∶2 砂浆找平层 20	100m^2	1.0	833.63	520.04	54.77	342.21	8.34	5.20	0.55	3.42
LA0001	大理石楼地面	10m^2	0.9282	294.97	1302.65	5.90	79.70	27.38	120.92	0.55	7.40
LA0003	成品大理石拼图案		0.0317	431.34	1446.63	8.36	116.54	1.37	4.59	0.03	0.37

续表

项目编码	011102001001		项目名称			石材楼地面			计量单位		m^2
清单综合单价组成明细											
定额编号	定额名称	定额单位	数量	单价				合价			
				人工费	材料费	机械费	管理费和利润	人工费	材料费	机械费	管理费和利润
LA0007	图案周边异形块料	$10m^2$	0.401	391.82	1315.79	7.84	105.86	15.71	52.76	0.31	3.97
LA0005	点缀大理石楼地面		0.3125	360.10	1035.86	7.20	97.30	11.25	32.37	0.23	3.04
LA0082	石材表面刷养护液		1.0	45.88	2.29	—	12.40	4.59	0.23	—	1.24
人工单价		合计						68.64	216.07	1.66	19.43
综合工日130元/工日		未计价材料费									
清单项目综合单价								305.81			
材料费用明细	主要材料名称、规格、型号				单位	数量		单价/元	合价/元	暂估单价/元	暂估合价/元
	(略)										
	其他材料费										
	材料费小计										

思考与训练

一、多项选择题

1. 在某装饰工程工程量清单中，分项全瓷地板砖楼地面(011102003001)的项目特征应描述的主要内容是(　　)。

A. 找平层厚度　　B. 结合层厚度

C. 垫层材料的种类、厚度　　D. 面层材料规格、品种

E. 砂浆配合比

2. 关于清单项目块料楼地面工程量计算规则，下列说法正确的是(　　)。

A. 按设计图示尺寸以楼梯水平投影面积计算

B. 包括踏步、休息平台及≤500mm 的楼梯井

C. 楼梯和楼地面相连时，算至梯口梁内侧边沿

D. 无梯口梁者，算至最上一层踏步边沿加 300mm

E. 无梯口梁者，算至最上一层踏步边沿加 200mm

二、实务题

1. 某大厅装饰工程平面图、墙面装饰图、大厅柱剖面图如图 3-2 至图 3-4 所示。240mm 砖墙，墙中心线到中心线尺寸为 12000mm×18000mm，800mm×800mm 独立柱 4 根，M1：4000mm×3600mm，C1：2100mm×2600mm。地面做法：20mm 厚的 1∶3 水泥砂浆找平、30mm 厚的 1∶2 干硬性水泥砂浆粘贴 800mm×800mm 米色玻化砖，玻化砖踢脚线的高度为 150mm。试编制该地面工程工程量清单和计价表。

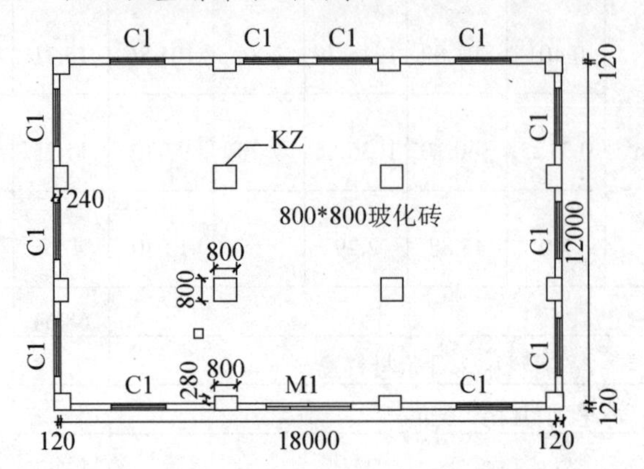

图 3-2 平面示意图

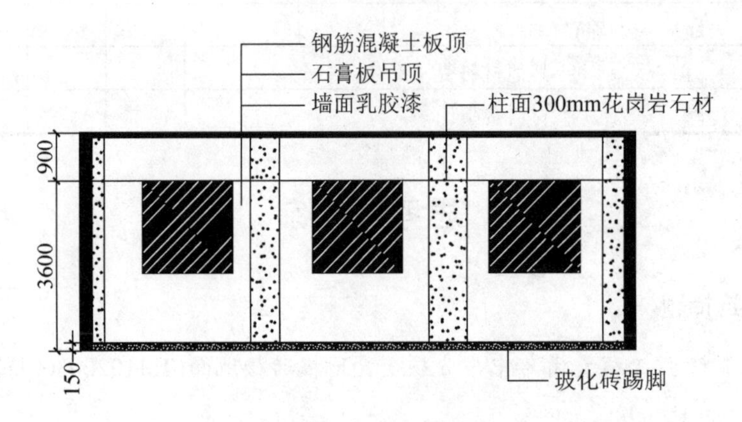

图 3-3 墙面装饰示意图

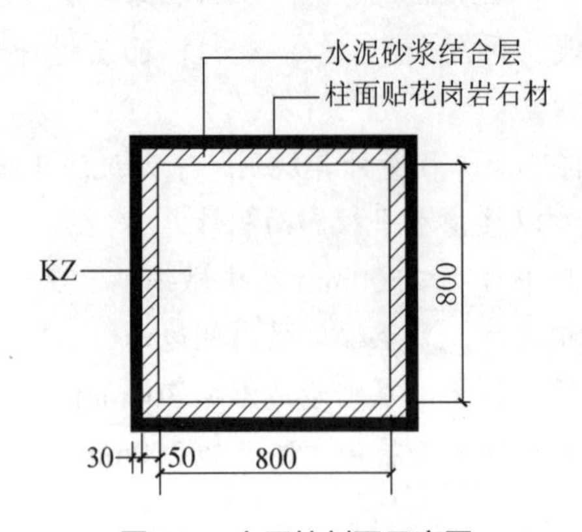

图 3-4 大厅柱剖面示意图

2. 某展览厅花岗石地面如图3-5所示。墙厚为240mm，门洞口宽为1000mm，地面找平层C20细石混凝土40mm厚，细石混凝土现场搅拌。地面中有钢筋混凝土柱8根，直径为800mm；3个花岗岩图案为圆形，直径为1.8m，图案外边线2.4m×2.4m；其余为规格块料点缀图案，规格块料600mm×600mm，点缀32个，150mm×150mm、250mm宽的花岗岩围边，均用1∶2.5水泥砂浆粘贴。编制石材楼地面工程工程量清单和清单报价。

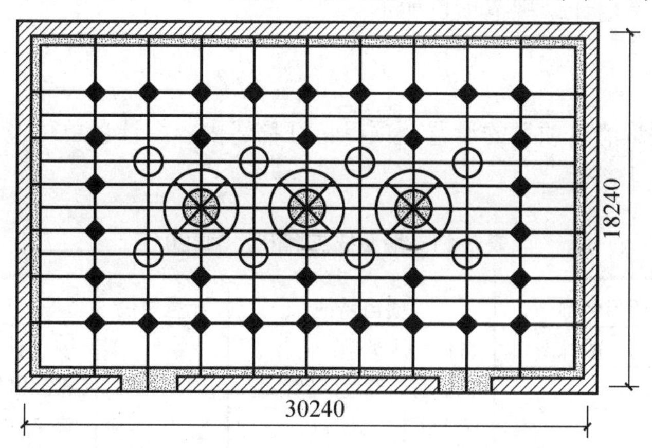

图3-5 某展览厅花岗石地面

3. 某5层住宅楼，共有3个单元，平行双跑楼梯如图3-6所示，楼梯面层为30mm厚的1∶3干硬性水泥砂浆粘贴花岗岩石板。试编制该工程工程量清单与计价表。

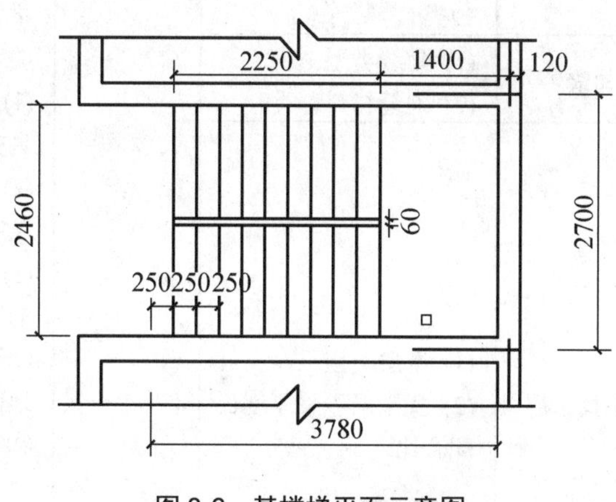

图3-6 某楼梯平面示意图

项目3.2 墙、柱面装饰与隔断、幕墙工程

能力标准：

- 了解墙、柱面装饰与隔断、幕墙工程分部分项工程工程量清单编制内容。
- 会计算墙、柱面装饰与隔断、幕墙工程清单工程量，会进行项目编码设置、项目特征描述。

- 会用地区计价定额进行综合单价组价。

3.2.1　计量规范及应用说明

根据《计量规范》(GB 50854—2013)，墙、柱面装饰与隔断、幕墙工程清单项目规划共计 10 节 35 项。常用计量规范项目如下。

1. 墙面抹灰

墙面抹灰工程量清单项目的设置、项目特征描述内容、计量单位及工程量计算规则，应按表 3-11 的规定执行。

表 3-11　墙面抹灰(编码：011201)

项目编码	项目名称	项目特征	计量单位	工程量计算规则
011201001	墙面一般抹灰	(1) 墙体类型； (2) 底层厚度、砂浆配合比； (3) 面层厚度、砂浆配合比； (4) 装饰面材料种类； (5) 分格缝宽度、材料种类	m^2	按设计图示尺寸以面积计算。扣除墙裙、门窗洞口及单个大于 $0.3m^2$ 的孔洞面积，不扣除踢脚线、挂镜线和墙与构件交接处的面积，门窗洞口和孔洞的侧壁及顶面不增加面积。附墙柱、梁、垛、烟囱侧面并入相应的墙面面积内。 (1)外墙抹灰面积按外墙垂直投影面积计算； (2)外墙裙抹灰面积按其长度乘以高度计算； (3)内墙抹灰面积按主墙间的净长乘以高度计算； ①无墙裙的，高度按室内楼地面至天棚底面计算； ②有墙裙的，高度按墙裙顶至天棚底面计算； ③有吊顶天棚抹灰，高度算至天棚底； (4)内墙裙抹灰面按内墙净长乘以高度计算
011201002	墙面装饰抹灰			
011201003	墙面勾缝	(1) 勾缝类型； (2) 勾缝材料种类		
011201004	立面砂浆找平层	(1) 基层类型； (2) 找平层砂浆厚度、配合比		

注：1. 立面砂浆找平项目适用于仅做找平层的立面抹灰。

2. 墙面抹石灰砂浆、水泥砂浆、混合砂浆、聚合物水泥砂浆、麻刀石灰浆、石膏灰浆等按本表中墙面一般抹灰列项；墙面水刷石、斩假石、干黏石、假面砖等按本表中墙面装饰抹灰列项。

3. 飘窗凸出外墙面增加的抹灰并入外墙工程量内。

4. 有吊顶天棚的内墙面抹灰，抹至吊顶以上部分在综合单价中考虑。

2. 柱(梁)面抹灰

柱(梁)面抹灰工程量清单项目的设置、项目特征描述内容、计量单位及工程量计算规则应按表 3-12 的规定执行。

表 3-12　柱(梁)面抹灰(编码：011202)

项目编码	项目名称	项目特征	计量单位	工程量计算规则
011202001	柱、梁面一般抹灰	(1)柱(梁)体类型； (2)底层厚度、砂浆配合比； (3)面层厚度、砂浆配合比； (4)装饰面材料种类； (5)分格缝宽度、材料种类	m^2	(1)柱面抹灰：按设计图示柱断面周长乘以高度以面积计算； (2)梁面抹灰：按设计图示梁断面周长乘以长度以面积计算
011202002	柱、梁面装饰抹灰			
011202003	柱、梁面砂浆找平层	(1)柱(梁)体类型； (2)找平的砂浆厚度、配合比		
011202004	柱面勾缝	(1)勾缝类型； (2)勾缝材料种类		按设计图示柱断面周长乘以高度以面积计算

注：1. 砂浆找平项目适用于仅做找平层的柱(梁)面抹灰。

2. 柱(梁)面抹石灰砂浆、水泥砂浆、混合砂浆、聚合物水泥砂浆、麻刀石灰浆、石膏灰浆等按本表中墙面一般抹灰列项；柱(梁)面水刷石、斩假石、干黏石、假面砖等按本表中柱(梁)面装饰抹灰项目列项。

3. 零星抹灰

零星抹灰工程量清单项目的设置、项目特征描述内容、计量单位及工程量计算规则应按表 3-13 的规定执行。

表 3-13　零星抹灰(编码：011203)

项目编码	项目名称	项目特征	计量单位	工程量计算规则
011203001	零星项目一般抹灰	(1) 基层类型，部位； (2) 底层厚度、砂浆配合比； (3) 面层厚度、砂浆配合比； (4) 装饰面材料种类； (5) 分格缝宽度、材料种类	m^2	按设计图示尺寸以面积计算
011203002	零星项目装饰抹灰			
011203003	零星项目砂浆找平	(1) 基层类型、部位； (2) 找平的砂浆厚度、配合比		

注：1. 零星项目抹石灰砂浆、水泥砂浆、混合砂浆、聚合物水泥砂浆、麻刀石灰浆、石膏灰浆等按本表中零星项目一般抹灰编码列项，水刷石、斩假石、干黏石、假面砖等按本表中零星项目装饰抹灰编码列项。

2. 墙、柱(梁)面小于 0.5m^2 的少量分散的抹灰按本表中零星抹灰项目编码列项。

4. 墙面块料面层

墙面块料面层工程量清单项目的设置、项目特征描述内容、计量单位及工程量计算规则应按表 3-14 的规定执行。

表 3-14　墙面块料面层(编码：011204)

项目编码	项目名称	项目特征	计量单位	工程量计算规则
011204001	石材墙面	(1) 墙体类型； (2) 安装方式； (3) 面层材料品种、规格、颜色； (4) 缝宽、嵌缝材料种类； (5) 防护材料种类； (6) 磨光、酸洗、打蜡要求	m^2	按镶贴表面积计算
011204002	拼碎石材墙面			
011204003	块料墙面			
011204004	干挂石材钢骨架	(1) 骨架种类、规格； (2) 防锈漆品种遍数	t	按设计图示以质量计算

注：1. 在描述碎块项目的面层材料特征时可不用描述规格、颜色。

2. 石材、块料与黏结材料的结合面刷防渗材料的种类在防护层材料种类中描述。

3. 安装方式可描述为砂浆或黏结剂粘贴、挂贴、干挂等，不论哪种安装方式，都要详细描述与组价相关的内容。

5. 柱(梁)饰面镶贴块料

柱(梁)饰面镶贴块料面层工程量清单项目的设置、项目特征描述内容、计量单位及工程量计算规则应按表 3-15 的规定执行。

表 3-15　柱(梁)饰面镶贴块料(编码：011205)

项目编码	项目名称	项目特征	计量单位	工程量计算规则
011205001	石材柱面	(1) 柱截面类型、尺寸； (2) 安装方式； (3) 面层材料品种、规格、颜色； (4) 缝宽、嵌缝材料种类； (5) 防护材料种类； (6) 磨光、酸洗、打蜡要求	m^2	按镶贴表面积计算
011205002	块料柱面			
011205003	拼碎块柱面			
011205004	石材梁面	(1) 安装方式； (2) 面层材料品种、规格、颜色； (3) 缝宽、嵌缝材料种类； (4) 防护材料种类； (5) 磨光、酸洗、打蜡要求		
011205005	块料梁面			

注：1. 在描述碎块项目的面层材料特征时可不用描述规格、颜色。

2. 石材、块料与黏结材料的结合面刷防渗材料的种类在防护层材料种类中描述。

3. 柱梁面干挂石材的钢骨架按表 3-14 相应项目编码列项。

6. 镶贴零星块料

镶贴零星块料工程量清单项目的设置、项目特征描述内容、计量单位及工程量计算规则应按表 3-16 的规定执行。

表 3-16 镶贴零星块料(编码：011206)

项目编码	项目名称	项目特征	计量单位	工程量计算规则
011206001	石材零星项目	(1) 基层类型、部位； (2) 安装方式； (3) 面层材料品种、规格、颜色； (4) 缝宽、嵌缝材料种类； (5) 防护材料种类； (6) 磨光、酸洗、打蜡要求	m^2	按镶贴表面积计算
011206002	块料零星项目			
011206003	拼碎块零星项目			

注：1. 在描述碎块项目的面层材料特征时可不用描述规格、颜色。
2. 石材、块料与黏结材料的结合面刷防渗材料的种类在防护材料种类中描述。
3. 零星项目干挂石材的钢骨架按本书表 3-14 相应项目编码列项。
4. 墙、柱面面积不大于 $0.5m^2$ 的少量分散的镶贴块料面层按本表中零星项目执行。

7. 墙饰面

墙饰面工程量清单项目的设置、项目特征描述内容、计量单位及工程量计算规则应按表 3-17 的规定执行。

表 3-17 墙饰面(编码：011207)

项目编码	项目名称	项目特征	计量单位	工程量计算规则
011207001	墙面装饰板	(1)龙骨材料种类、规格、中距； (2)隔离层材料种类、规格； (3)基层材料种类、规格； (4)面层材料品种、规格、颜色； (5)压条材料种类、规格	m^2	按设计图示墙净长乘以净高以面积计算。扣除门窗洞口及单个面积大于 $0.3m^2$ 的孔洞所占面积
011207002	墙面装饰浮雕	(1)基层类型； (2)浮雕材料种类； (3)浮雕样式		按设计图示尺寸以面积计算

8. 柱(梁)饰面

柱(梁)饰面工程量清单项目的设置、项目特征描述内容、计量单位及工程量计算规则应按表 3-18 的规定执行。

9. 幕墙工程

幕墙工程工程量清单项目的设置、项目特征描述内容、计量单位及工程量计算规则应

按表 3-19 的规定执行。

表 3-18 柱(梁)饰面(编码：011208)

项目编码	项目名称	项目特征	计量单位	工程量计算规则
011208001	柱(梁)面装饰	(1) 龙骨材料种类、规格、中距； (2) 隔离层材料种类； (3) 基层材料种类、规格； (4) 面层材料品种、规格、颜色； (5) 压条材料种类、规格	m^2	按设计图示饰面外围尺寸以面积计算。柱帽、柱墩并入相应柱饰面工程量内
011208002	成品装饰柱	(1) 柱截面、高度尺寸； (2) 柱材质	(1)根 (2) m	(1) 以根计量，按设计数量计算； (2) 以 m 计量，按设计长度计算

表 3-19 幕墙工程(编码：011209)

项目编码	项目名称	项目特征	计量单位	工程量计算规则
011209001	带骨架幕墙	(1) 骨架材料种类、规格、中距； (2) 面层材料品种、规格、颜色； (3) 面层固定方式； (4) 隔离带、框边封闭材料品种、规格； (5) 嵌缝、塞口材料种类	m^2	按设计图示框外围尺寸以面积计算。与幕墙同种材质的窗所占面积不扣除
011209002	全玻璃(无框玻璃)幕墙	(1) 玻璃品种、规格、颜色； (2) 黏结塞口材料种类； (3) 固定方式		按设计图示尺寸以面积计算。带肋全玻璃幕墙按展开面积计算

注：幕墙钢骨架按本书表 3-14 中干挂石材钢骨架编码列项。

10. 隔断

隔断工程量清单项目的设置、项目特征描述内容、计量单位及工程量计算规则应按表 3-20 的规定执行。

11. 其他说明

(1) 飘窗突出外墙面增加的抹灰并入外墙工程量内，以外墙线作为分界线。

(2) “墙面装饰浮雕”项目，在使用规范时，凡不属于仿古建筑工程的项目，可按本书表 3-17 编码列项。

(3) 有关墙面装饰项目，不含立面防腐、防水、保温以及刷油漆的工作内容。防水按规范附录 J 屋面及防水工程相应项目编码列项；保温按规范附录 K 保温、隔热、防腐工程相应项目编码列项；刷油漆按规范附录 P 油漆、涂料、裱糊工程相应项目编码列项。

表 3-20　隔断(编码：011210)

项目编码	项目名称	项目特征	计量单位	工程量计算规则
011210001	木隔断	(1) 骨架、边框材料种类、规格； (2) 隔板材料品种、规格、颜色； (3) 嵌缝、塞口材料品种； (4) 压条材料种类	m^2	按设计图示框外围尺寸以面积计算。不扣除单个不大于 $0.3m^2$ 的孔洞所占面积；浴厕门的材质与隔断相同时，门的面积并入隔断面积内
011210002	金属隔断	(1) 骨架、边框材料种类、规格； (2) 隔板材料品种、规格、颜色； (3) 嵌缝、塞口材料品种		
011210003	玻璃隔断	(1) 边框材料种类、规格； (2) 玻璃品种、规格、颜色； (3) 嵌缝、塞口材料品种		按设计图示框外围尺寸以面积计算。不扣除单个不大于 $0.3m^2$ 的孔洞所占面积
011210004	塑料隔断	(1) 边框材料种类、规格； (2) 隔板材料品种、规格、颜色； (3) 嵌缝、塞口材料品种		
011210005	成品隔断	(1) 隔断材料品种、规格、颜色； (2) 配件品种、规格	(1) m^2 (2) 间	(1) 以 m^2 计量，按设计图示框外围尺寸以面积计算。 (2) 以间计量，按设计间的数量计算
011210006	其他隔断	(1) 骨架、边框材料种类、规格； (2) 隔板材料品种、规格、颜色； (3) 嵌缝、塞口材料品种	m^2	按设计图示框外围尺寸以面积计算。不扣除单个小于 $0.3m^2$ 的孔洞所占面积

3.2.2　工程量清单计量与计价规范应用

【案例背景】某房屋砖外墙面用 1∶2 水泥砂浆粘贴瓷质外墙砖，外墙面砖的型号为 194mm×94mm，灰缝 5mm，门窗侧壁 100mm。门窗尺寸为：M-1：900mm×2000mm；M-2：1200mm×2000mm；M-3：1000mm×2000mm；C-1：1500mm×1500mm；C-2：1800mm×1500mm；C-3：3000mm×1500mm，如图 3-7 所示。试编制外墙面砖装饰工程量清单与计价表。

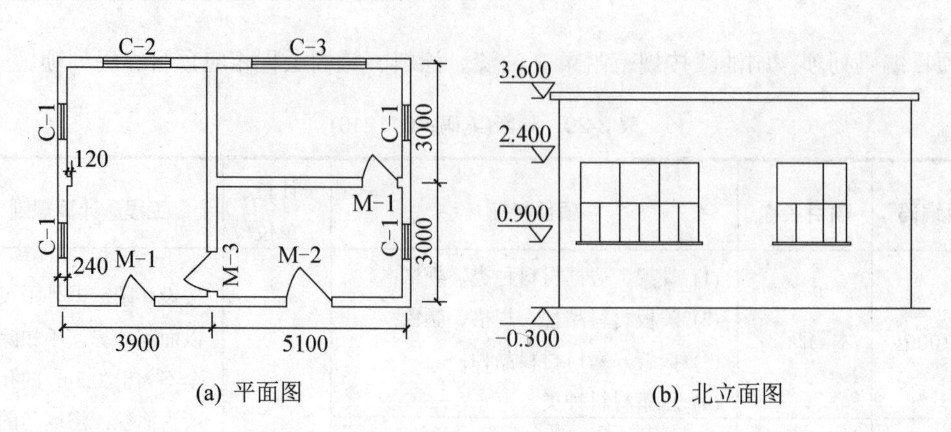

(a) 平面图　　(b) 北立面图

图 3-7　某房屋平、立面示意图

【案例分析】

1) 外墙面砖装饰工程量清单的编制

根据《计量规范》(GB 50854—2013)中表 M.4(本书中表 3-14)墙面块料面层列项。

项目编码：011204003001。

工程内容：基层清理、砂浆制作、运输、黏结层铺贴、面层安装、嵌缝、刷防护材料、磨光、酸洗、打蜡。

工程量计算规则：按镶贴表面积计算。

工程数量：外墙面砖工程量=墙面工程量-门洞口工程量+洞口侧壁工程量

$$S=(3.9+5.1+0.24+3\times2+0.24)\times2\times(3.6+0.3)-(1.5\times1.5\times4+1.8\times1.5+3\times1.5+0.9\times2+1.2\times2)+\{(1.5+1.5+1.8+1.5+3+1.5)\times2+0.9+2\times2+1.2+2\times2\}\times0.1$$

$$=15.48\times2\times3.9-(9+2.7+4.5+1.8+2.4)+3.17$$

$$=103.51(m^2)$$

将上述计算结果及相关内容填入“分部分项工程及单价措施项目清单与计价表”，如表 3-21 所示。

表 3-21　分部分项工程及单价措施项目清单与计价表

工程名称：某装饰工程　　　　第 1 页　共 1 页

序号	项目编码	项目名称	项目特征	计量单位	工程量	金额/元		
						综合单价	合价	其中：暂估价
1	011204003001	块料面层	(1) 墙体类型：砖墙； (2) 安装方式：水泥砂浆粘贴； (3) 面层材料品种、规格、颜色：194mm×94mm 瓷质外墙砖； (4) 缝宽、嵌缝材料种类：缝宽 5mm	m^2	103.51	98.34	10179.17	

2) 分部分项工程工程量清单计价表的编制

依据《重庆市建筑工程与装饰工程计价定额》(CQJZZSDE—2018)组价。

综合单价计算如下。

(1) 该项目发生的工程内容包括：黏结层铺贴、面层安装、嵌缝。

(2) 依据现行消耗量定额计算工程量，确定定额项目。

瓷质外墙面砖的工程量 S=103.51m^2(同清单计算规则)。

套用定额 LB0059 子目。

(3) 计算清单项目每个计量单位应包含的各项工程内容的工程数量。

瓷质外墙面砖面层 103.51/103.51=1.00

(4) 人、材、机单价选用市场信息价。

(5) 计算清单项目每计量单位所含各项工程内容的人工费、材料费、机械费。

(6) 根据企业情况确定管理费为 15.61%，利润率为 9.61%，均以人工费为计费基础。

(7) 综合单价=人工费+材料费+机械费+管理费+利润

=56.56+25.08+1.41+15.28= 98.34(元/m^2)(其中各部分费用由各定额子目组成，如人工费=砂浆粘贴面砖人工费，具体费用数据见表 3-22)

(8) 合价=综合单价×清单工程量=98.34×103.51=10179.17(元)(具体费用数据见表 3-21)

将上述计算结果及相关内容填入“分部分项工程及单价措施项目清单与计价表”和“分部分项工程工程量清单综合单价分析表”中，如表 3-21 和表 3-22 所示。

表 3-22 分部分项工程工程量清单综合单价分析表

项目编码	011204003001			项目名称		块料墙面			计量单位		m^2
清单综合单价组成明细											
定额编号	定额名称	定额单位	数量	单价				合价			
				人工费	材料费	机械费	管理费和利润	人工费	材料费	机械费	管理费和利润
LB0059	砂浆粘贴面砖 194×94 灰缝 10 内	10m^2	1.0	565.63	250.79	14.14	152.83	56.56	25.08	1.41	15.28
人工单价		合计						56.56	25.08	1.41	15.28
综合工日 130 元/工日		未计价材料费									
清单项目综合单价								98.34			
材料费用明细	主要材料名称、规格、型号				单位	数量		单价/元	合价/元	暂估单价/元	暂估合价/元
	(略)										
	其他材料费							—		—	
	材料费小计							—			

思考与训练

一、多项选择题

1. 在某装饰工程工程量清单中，分项大理石墙面(011204001001)的项目特征应描述主要内容是(　　)。

A. 墙体类型　　B. 安装方式

C. 垫层材料的种类、厚度　　D. 面层材料规格、品种、颜色

E. 缝宽、嵌缝材料种类

2. 下列关于清单项目装饰板墙面工程量计算规则，叙述正确的是(　　)。

A. 按设计图示墙净长乘净高以面积计算

B. 扣除门窗洞口面积

C. 扣除单个面积大于 $0.3m^2$ 的孔洞所占面积

D. 不扣除单个面积大于 $0.3m^2$ 的孔洞所占面积

E. 扣除单个面积小于 $0.3m^2$ 的孔洞所占面积

二、实务题

1. 某大厅装饰工程平面图、墙面装饰图、大厅柱剖面图如图 3-8 至图 3-10 所示。240mm 砖墙，墙中心线到中心线尺寸为 12000mm×18000mm，800mm×800mm 独立柱 4 根，M1: 4000mm×3600mm，2100mm×2600mm。若大厅装饰工程墙体用 1∶1.3 混合砂浆抹灰 20mm 厚，吊顶高度 3600mm，窗帘盒 200mm×200mm，墙面乳胶漆一底两面，柱面挂贴 30mm 厚花岗石板，花岗石板和柱结构之间空隙填满 50mm 的 1∶3 水泥砂浆。试编制该墙柱面分部分项工程工程量清单与计价表。

2. 某银行营业厅室内有 4 根圆柱：木龙骨尺寸为 30mm×40mm，间距为 250mm，成品木龙骨；细木工板基层，镜面不锈钢面层，如图 3-11 所示。试编制该工程量清单与计价表。

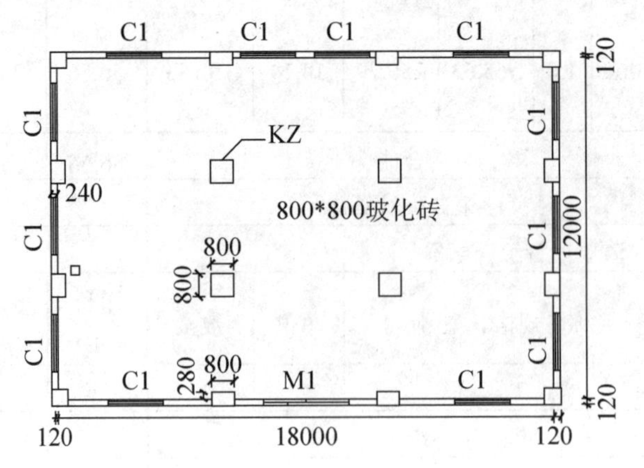

图 3-8　平面示意图

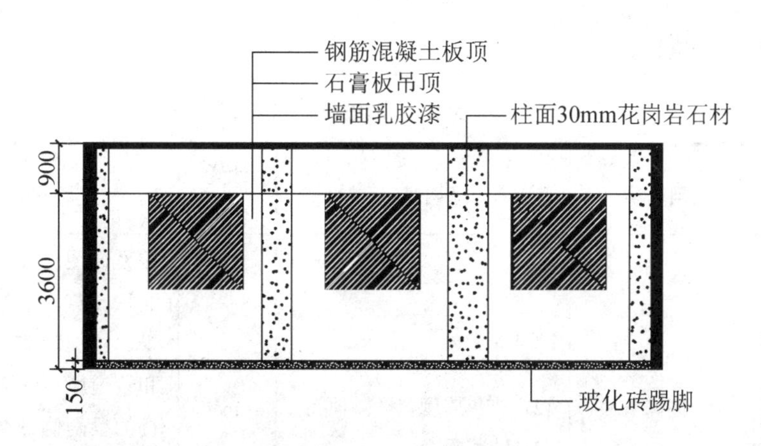

图 3-9　墙面装饰示意图

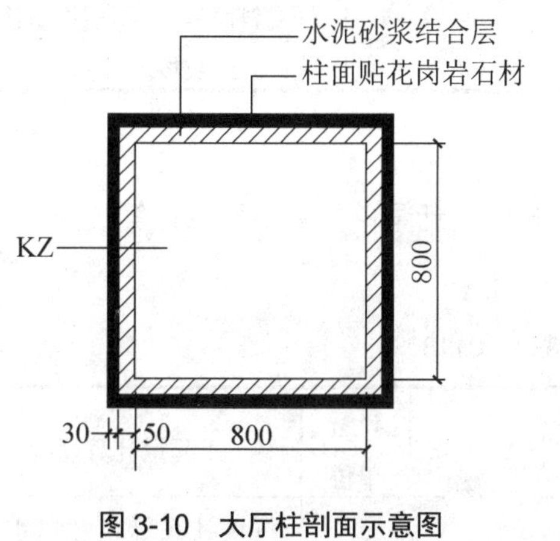

图 3-10　大厅柱剖面示意图

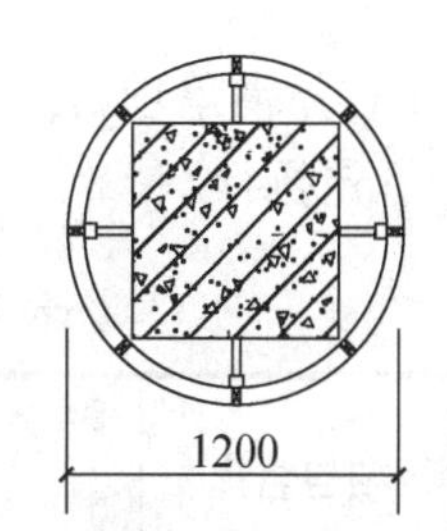

图 3-11　营业厅圆柱剖面示意图

项目 3.3　天 棚 工 程

能力标准：

- 了解天棚装饰工程分部分项工程工程量清单编制内容。
- 会计算天棚工程清单工程量，会进行项目编码设置、项目特征描述。
- 会用地区计价定额进行综合单价组价。

3.3.1　计量规范及应用说明

根据《计量规范》(GB 50854—2013)天棚工程工程量清单项目划分共计 4 节 10 项，常用计量规范项目如下。

1. 天棚抹灰

天棚抹灰工程量清单项目的设置、项目特征描述、计量单位及工程量计算规则，应按

表 3-23 所列的规定执行。

表 3-23　天棚抹灰(编码：011301)

项目编码	项目名称	项目特征	计量单位	工程量计算规则
011301001	天棚抹灰	(1) 基层类型； (2) 抹灰厚度、材料种类； (3) 砂浆配合比	m^2	按设计图示尺寸以水平投影面积计算。不扣除间壁墙、垛、柱、附墙烟囱、检查口和管道所占的面积，带梁天棚的梁两侧抹灰面积并入天棚面积内，板式楼梯底面抹灰按斜面积计算，锯齿形楼梯底板抹灰按展开面积计算

2. 天棚吊顶

天棚吊顶工程量清单项目的设置、项目特征描述、计量单位及工程量计算规则，应按表 3-24 所列的规定执行。

表 3-24　天棚吊顶(编码：011302)

项目编码	项目名称	项目特征	计量单位	工程量计算规则
011302001	吊顶天棚	(1) 吊顶形式、吊杆规格、高度； (2) 龙骨材料种类、规格、中距； (3) 基层材料种类、规格； (4) 面层材料品种、规格； (5) 压条材料种类、规格； (6) 嵌缝材料种类； (7) 防护材料种类	m^2	按设计图示尺寸以水平投影面积计算。天棚面中的灯槽及跌级、锯齿形、吊挂式、藻井式天棚面积不展开计算。不扣除间壁墙、检查口、附墙烟囱、柱垛和管道所占面积，扣除单个大于 $0.3m^2$ 的孔洞、独立柱及与天棚相连的窗帘盒所占的面积
011302002	格栅吊顶	(1) 龙骨材料种类、规格、中距； (2) 基层材料种类、规格； (3) 面层材料品种、规格； (4) 防护材料种类		按设计图示尺寸以水平投影面积计算
011302003	吊筒吊顶	(1) 吊筒形状、规格； (2) 吊筒材料种类； (3) 防护材料种类		

续表

项目编码	项目名称	项目特征	计量单位	工程量计算规则
011302004	藤条造型悬挂吊顶	(1) 骨架材料种类、规格； (2) 面层材料品种、规格	m^2	按设计图示尺寸以水平投影面积计算
011302005	织物软雕吊顶			
011302006	装饰网架吊顶	网架材料品种、规格		

3. 采光天棚

采光天棚工程量清单项目的设置、项目特征描述、计量单位及工程量计算规则，应按表3-25所列的规定执行。

表3-25 采光天棚(编码：011303)

项目编码	项目名称	项目特征	计量单位	工程量计算规则
011303001	采光天棚	(1) 骨架类型； (2) 固定类型、固定材料品种、规格； (3) 面层材料品种、规格； (4) 嵌缝、塞口材料种类	m^2	按框外围展开面积计算

注：采光天棚骨架不包括在本节中，应单独按《计量规范》(GB 50854—2013)附录F相关项目编码列项。

4. 天棚其他装饰

天棚其他装饰工程量清单项目的设置、项目特征描述、计量单位及工程量计算规则，应按表3-26所列的规定执行。

表3-26 天棚其他装饰(编码：011304)

项目编码	项目名称	项目特征	计量单位	工程量计算规则
011304001	灯带(槽)	(1) 灯带形式、尺寸； (2) 格栅片材料品种、规格； (3) 安装固定方式	m^2	按设计图示尺寸以框外围面积计算
011304002	送风口、回风口	(1) 风口材料品种、规格； (2) 安装固定方式； (3) 防护材料种类	个	按设计图示数量计算

5. 其他说明

天棚装饰刷油漆、涂料、裱糊，按《计量规范》(GB 50854—2013)中附录P油漆、涂料、裱糊工程相应项目编码列项。

3.3.2 工程量清单计量与计价规范应用

【应用案例】某酒店包厢顶棚平面图如图3-12所示，设计轻钢龙骨防火胶板吊顶(面层规格600mm×600mm，不上人型)，木夹板基层，暗窗帘盒，宽200mm，墙厚240mm。试编制天棚工程工程量清单及工程量清单报价。

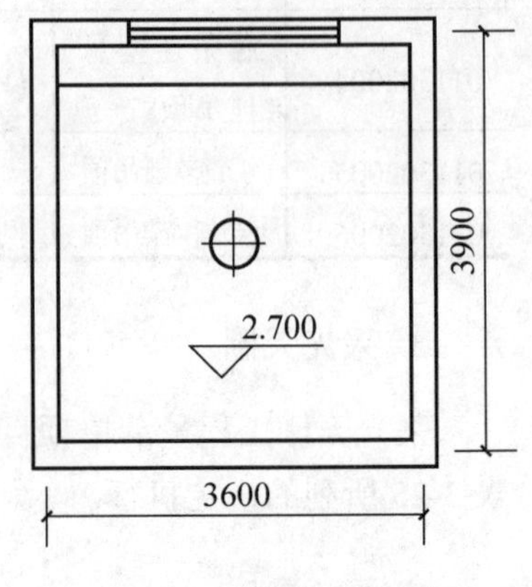

图3-12 包厢顶棚平面图

【案例分析】

1) 天棚吊顶工程量清单编制

根据《计量规范》(GB 50854—2013)中表N.2(本书中表3-24)天棚吊顶列项。

项目编码：011302001001

工程内容：基层清理、抹找平层、面层铺设、磨边、嵌缝、刷防护材料、酸洗、打蜡、材料运输。

工程量计算规则：按设计图示尺寸以水平投影面积计算。天棚面中的灯槽及跌级、锯齿形、吊挂式、藻井式天棚面积不展开计算。不扣除间壁墙、检查口、附墙烟囱、柱垛和管道所占面积，扣除单个面积0.3m^{2}以外的孔洞、独立柱及与天棚相连的窗帘盒所占的面积。

工程量：天棚吊顶清单工程量=主墙间的面积-窗帘盒的工程量

S=(3.6−0.24)×(3.9−0.24)−(3.6−0.24)×0.2=3.36×3.66−3.36×0.2=11.63(m^2)

将上述计算结果及相关内容填入“分部分项工程及单价措施项目清单与计价表”，如表3-27所示。

表3-27 分部分项工程及单价措施项目清单与计价表

工程名称：某工程 第1页 共1页

序号	项目编码	项目名称	项目特征	计量单位	工程量	金额/元		
						综合单价	合价	其中：暂估价
1	011302001001	吊顶天棚	(1) 吊顶形式：一级不上人吊顶； (2) 龙骨类型、材料种类、规格、中距：轻钢龙骨，@450mm×450mm； (3) 基层材料种类、规格：九夹板； (4) 面层材料品种、规格：防火板	m^2	11.63	325.65	3787.27	

2) 分部分项工程工程量清单计价表的编制

依据《重庆市建筑工程与装饰工程定额》(CQJZZSDE—2018)组价。

综合单价计算如下。

(1) 该项目发生的工作内容包括龙骨安装、基层板铺贴、面层铺贴、嵌缝。

(2) 依据现行消耗量定额计算工程量，确定定额项目。

轻钢龙骨的工程量=主墙间的面积=(3.6−0.24)×(3.9−0.24)=3.36×3.66=12.30(m^2)

轻钢龙骨，套用定额 LC0007 子目。

木夹板基层的工程量=主墙间的面积-窗帘盒的工程量=11.63m^2

木夹板基层，套用定额 LC0043 子目。

防火板面层的工程量为 11.63m^2。

防火胶板面层，套用定额 LC0069 子目。

(3) 分别计算清单项目每计量单位应包含的各项工程内容的工程数量。

轻钢龙骨 12.30/11.63=1.058(m^2)

九夹板基层 11.63/11.63=1.00(m^2)

防火胶板面层 11.63/11.63=1.00(m^2)

(4) 人、材、机单价选用市场信息价。

(5) 计算清单项目每计量单位所含各项工程内容的人工费、材料费、机械费。

(6) 根据企业情况确定管理费为 15.61%，利润 9.61%，均以人工费为计费基础。

(7) 综合单价=人工费+材料费+机械费+管理费+利润

=36.18 +239.21+3.08+47.18

=325.65(元/m^2)

其中各部分费用由各定额子目组成，如人工费=装配式 U 形龙骨人工费+轻钢龙骨上铺钉九夹板基层人工费+防火板木夹板面层人工费，具体费用数据见表 3-28。

(8) 合价=综合单价×清单工程量=325.65×11.63=3787.27(元)。具体费用数据见表 3-27。

(9) 将上述计算结果及相关内容填入“分部分项工程及单价措施项目清单与计价表”和“分部分项工程工程量清单综合单价分析表”中，如表 3-27 和表 3-28 所示。

表 3-28 分部分项工程量清单综合单价分析表

项目编码	011302001001	项目名称		天棚吊顶		计量单位			m^2		
清单综合单价组成明细											
定额编号	定额名称	定额单位	数量	单价				合价			
				人工费	材料费	机械费	管理费和利润	人工费	材料费	机械费	管理费和利润
LC0007	装配式 U 形龙骨	10m^2	1.058	145.38	193.80	2.91	39.28	15.38	2015.04	3.08	41.56
LC0043	轻钢龙骨上铺钉九夹板基层		1.0	91.75	135.92	—	24.79	9.18	13.59	—	2.48

续表

项目编码	011302001001		项目名称		天棚吊顶			计量单位		m²	
清单综合单价组成明细											
定额编号	定额名称	定额单位	数量	单价				合价			
				人工费	材料费	机械费	管理费和利润	人工费	材料费	机械费	管理费和利润
LC0069	防火板木夹板面层	10m²	1.0	116.25	205.76	—	31.41	11.18	20.58	—	3.14
人工单价		合计						36.18	239.21	3.08	47.18
综合工日 125 元/工日		未计价材料费									
清单项目综合单价								325.65			
材料费用明细	主要材料名称、规格、型号					单位	数量	单价/元	合价/元	暂估单价/元	暂估合价/元
	(略)										
	其他材料费							—		—	
	材料费小计							—			

思考与训练

一、多项选择题

1. 在某装饰工程工程量清单，分项天棚混合砂浆抹灰(011301001001)的项目特征应描述的主要内容是(　　)。

A. 基层类型　　B. 安装方式　　C. 抹灰厚度

D. 材料种类　　E. 砂浆配合比

2. 下列关于清单项目天棚吊顶工程量计算规则，说法正确的是(　　)。

A. 按设计图示尺寸以水平投影面积计算

B. 不扣除间壁墙、检查口、附墙烟囱、柱垛和管道面积

C. 扣除单个面积大于 0.3m² 的孔洞、独立柱及与天棚相连的窗帘盒所占的面积

D. 不扣除单个面积大于 0.3m² 的孔洞、独立柱及与天棚相连的窗帘盒所占的面积

E. 天棚面中的灯槽及跌级、锯齿形、吊挂式、藻井式天棚面积不展开计算

二、实务题

1. 某房间净长为 15m、净宽为 10m，中间有一混凝土柱(600mm×600mm)。天棚采用不上人轻钢龙骨，石膏板面层(600mm×600mm)。试编制招标工程量清单。

2. 某宾馆大厅的天棚采用轻钢龙骨石膏板吊顶面(面积 90.99m²)设计构造做法：弧形轻钢龙骨天棚龙骨；石膏板面层，规格 600mm×600mm。计算天棚的投标综合单价(不考虑风

险因素)，并编制工程量清单投标报价表。

3. 某办公室天棚装修，平面图如图 3-13 所示。天棚设检查口一个(0.5m×0.5m)，窗帘盒宽 200mm、高 400mm，通长设置。吊顶做法：一级不上人 U 形轻钢龙骨，中距 450mm×450mm；基层为九夹板；面层为红榉拼花；红榉面板刷硝基清漆。试编制该天棚工程分部分项工程工程量清单与计价表。

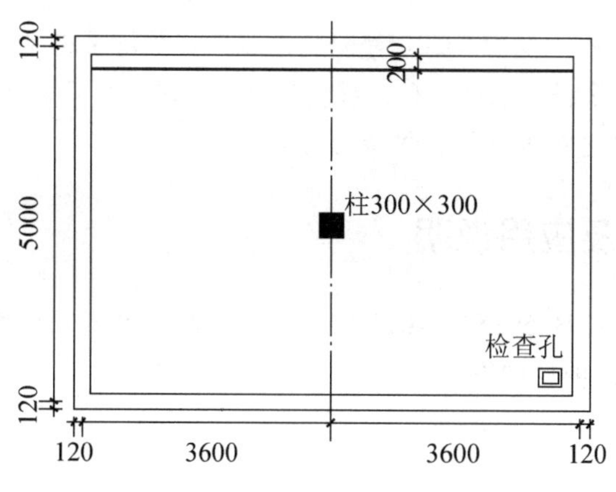

图 3-13　包厢顶棚平面图

4. 若项目 3.1 中的实务题 1 大厅装饰工程天棚做法为轻钢龙骨石膏板面刮成品腻子面罩乳胶漆一底两面，试编制该天棚工程分部分项工程工程量清单与计价表。

5. 某单位办公室的顶棚平面图如图 3-14 所示。屋面结构为 120mm 厚现浇钢筋混凝土板，虚线处有现浇混凝土矩形梁，梁截面尺寸为 250mm×660mm(包括板厚 120mm)。顶棚面混合砂浆抹灰，白色乳胶漆刷白两遍。M-1：800mm×2700mm，C-1：500mm×1800mm，C-2：1500mm×600mm。试编制该工程工程量清单与计价表。

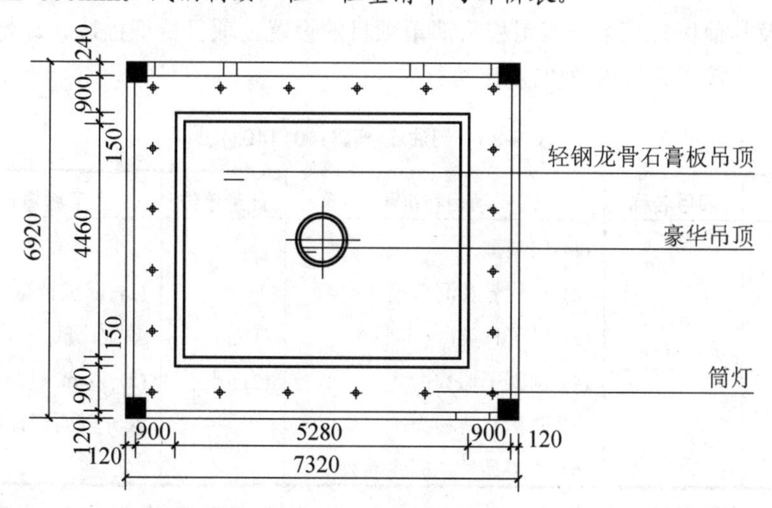

图 3-14　办公室顶棚平面图

项目 3.4　油漆、涂料、裱糊工程

能力标准：

- 了解油漆、涂料、裱糊工程分部分项工程工程量清单编制内容。
- 会计算油漆、涂料、裱糊工程工程量清单，会进行项目编码设置、项目特征描述。
- 会用地区计价定额进行综合单价组价。

3.4.1　计量规范及应用说明

根据《计量规范》(GB 50854—2013)中油漆、涂料、裱糊工程工程量清单项目划分 8 节 36 项，常用计量规范项目如下。

1. 门油漆

门油漆工程量清单项目的设置、项目特征描述、计量单位及工程量计算规则，应按表 3-29 所列的规定执行。

2. 窗油漆

窗油漆工程量清单项目的设置、项目特征描述、计量单位及工程量计算规则，应按表 3-30 所列的规定执行。

3. 木扶手及其他板条线条油漆

木扶手及其他板条线条油漆工程量清单项目的设置、项目特征描述、计量单位及工程量计算规则，应按表 3-31 所列的规定执行。

表 3-29　门油漆(编码：011401)

项目编码	项目名称	项目特征	计量单位	工程量计算规则
011401001	木门油漆	(1) 门类型； (2) 门代号及洞口尺寸； (3) 腻子种类； (4) 刮腻子遍数； (5) 防护材料种类； (6) 油漆品种、刷漆遍数	(1)樘 (2) m^2	(1) 以樘计量，按设计图示数量计量； (2) 以 m^2 计量，按设计图示尺寸以面积计算

注：1. 木门油漆应区分木大门、单层木门、双层(一玻一纱)木门、双层(单裁门)木门、全玻璃自由门、半玻璃自由门、装饰门及有框门或无框门等项目，分别编码列项。

2. 金属门油漆应区分平开门、推拉门、钢制防火门等项目，分别编码列项。

3. 以 m^2 计量，项目特征可不必描述洞口尺寸。

表 3-30　窗油漆(编号：011402)

项目编码	项目名称	项目特征	计量单位	工程量计算规则
011402001	采光天棚	(1) 窗类型； (2) 窗代号及洞口尺寸； (3) 腻子种类； (4) 刮腻子遍数； (5) 防护材料种类； (6) 油漆品种、刷漆遍数	(1) 樘 (2) m^2	(1) 以樘计量，按设计图示数量计量； (2) 以 m^2 计量，按设计图示洞口尺寸以面积计算
011402002	金属窗油漆			

注：1. 木窗油漆应区分单层木门、双层(一玻一纱)木窗、双层(单裁门)木窗、双层框三层(二玻一纱)木窗、单层组合窗、双层组合窗、木百叶窗、木推拉窗等项目，分别编码列项。

2. 金属窗油漆应区分平开窗、推拉窗、固定窗、组合窗、金属隔栅窗等项目，分别编码列项。

3. 以 m^2 计量，项目特征可不必描述洞口尺寸。

表 3-31　扶手及其他板条、线条油漆(编号：011403)

项目编码	项目名称	项目特征	计量单位	工程量计算规则
0114030001	木扶手油漆	(1) 断面尺寸； (2) 腻子种类； (3) 刮腻子遍数； (4) 防护材料种类； (5) 油漆品种、刷漆遍数	m	按设计图示尺寸以长度计算
0114030002	窗帘盒油漆			
0114030003	封檐板、顺水板油漆			
0114030004	挂衣板、黑板框油漆			
0114030005	挂镜线、窗帘棍、单独木线油漆			

注：木扶手应区分带托板与不带托板，分别编码列项，若是木栏杆带扶手，木扶手不应单独列项，应包含在木栏杆油漆中。

4. 木材面油漆

木材面油漆工程量清单项目的设置、项目特征描述、计量单位及工程量计算规则，应按表 3-32 所列的规定执行。

5. 金属面油漆

金属面油漆工程量清单项目的设置、项目特征描述、计量单位及工程量计算规则，应按表 3-33 所列的规定执行。

6. 抹灰面油漆

抹灰面油漆工程量清单项目的设置、项目特征描述、计量单位及工程量计算规则，应按表 3-34 所列的规定执行。

7. 喷刷涂料

喷刷涂料工程量清单项目的设置、项目特征描述、计量单位及工程量计算规则，应按表 3-35 所列的规定执行。

表 3-32　木材面油漆(编号：011404)

项目编码	项目名称	项目特征	计量单位	工程量计算规则
011404001	木护墙、木墙裙油漆	(1) 腻子种类； (2) 刮腻子遍数； (3) 防护材料种类； (4) 油漆品种、刷漆遍数	m^2	按设计图示尺寸以单面外围面积计算
011404002	窗台板、筒子板、盖板、门窗套、踢脚线油漆			
011404003	清水板条天棚、檐口油漆			
011404004	木方格吊顶天棚油漆			
011404005	吸声板墙面、天棚面油漆			
011404006	暖气罩油漆			
011404007	其他木材面			
011404008	木间壁、木隔断油漆			
011404009	玻璃间壁露明墙筋油漆			
011404010	木栅栏、木栏杆(带扶手)油漆			
011404011	衣柜、壁柜油漆			按设计图示尺寸以油漆部分展开面积计算
011404012	梁柱饰面油漆			
011404013	零星木装修油漆			
011404014	木地板油漆			按设计图示尺寸以面积计算，空洞、空圈、暖气包槽、壁龛的开口部分并入相应的工程量内
011404015	木地板烫硬蜡面	(1) 硬蜡品种； (2) 面层处理要求		

表 3-33　金属面油漆(编号：011405)

项目编码	项目名称	项目特征	计量单位	工程量计算规则
011405001	金属面油漆	(1) 构件名称； (2) 腻子种类； (3) 刮腻子要求； (4) 防护材料种类； (5) 油漆品种、刷漆遍数	(1) t (2) m^2	(1) 以 t 计量，按设计图示尺寸以质量计算； (2) 以 m^2 计量，按设计展开面积计算

表 3-34　抹灰面油漆(编号：011406)

项目编码	项目名称	项目特征	计量单位	工程量计算规则
011406001	抹灰面油漆	(1) 基层类型； (2) 腻子种类； (3) 刮腻子遍数； (4) 防护材料种类； (5) 油漆品种、刷漆遍数； (6) 部位	m^2	按设计图示尺寸以面积计算

续表

项目编码	项目名称	项目特征	计量单位	工程量计算规则
011406002	抹灰线条油漆	(1) 线条宽度、道数； (2) 腻子种类； (3) 刮腻子遍数； (4) 防护材料种类； (5) 油漆品种、刷漆遍数	m	按设计图示尺寸以长度计算
011406003	满刮腻子	(1) 基层类型； (2) 腻子种类； (3) 刮腻子遍数	m^2	按设计图示尺寸以面积计算

表 3-35　喷刷涂料(编号：011407)

项目编码	项目名称	项目特征	计量单位	工程量计算规则
011407001	墙面喷刷涂料	(1) 基层类型； (2) 喷刷涂料部位； (3) 腻子种类； (4) 刮腻子要求； (5) 涂料品种、喷刷遍数	m^2	按设计图示尺寸以面积计算
011407002	天棚喷刷涂料			
011407003	空花格、栏杆刷涂料	(1) 腻子种类； (2) 刮腻子遍数； (3) 涂料品种、刷喷遍数		按设计图示尺寸以单面外围面积计算
011407004	线条刷涂料	(1) 基层清理； (2) 线条宽度； (3) 刮腻子遍数； (4) 刷防护材料、油漆	m	按设计图示尺寸以长度计算
011407005	金属构件刷防火涂料	(1) 喷刷防火涂料构件名称； (2) 防火等级要求； (3) 涂料品种、喷刷遍数	(1) m^2 (2) t	(1) 以 t 计量，按设计图示尺寸以质量计算； (2) 以 m^2 计量，按设计展开面积计算
011407006	木材构件喷刷防火涂料		m^2	以 m^2 计量，按设计图示尺寸以面积计算

8. 裱糊

裱糊工程量清单项目的设置、项目特征描述、计量单位及工程量计算规则，应按表 3-36 所列的规定执行。

表 3-36　裱糊(编号：011408)

项目编码	项目名称	项目特征	计量单位	工程量计算规则
011408001	墙纸裱糊	(1) 基层类型； (2) 裱糊部位； (3) 腻子种类； (4) 刮腻子遍数； (5) 黏结材料种类； (6) 防护材料种类； (7) 面层材料品种、规格、颜色	m^2	按设计图示尺寸以面积计算

9. 其他说明

抹灰面油漆和刷涂料工作内容中包括“刮腻子”，但又单独列有“满刮腻子”项目，此项目只适用于仅做“满刮腻子”的项目，不得将抹灰面油漆和刷涂料中“满刮腻子”内容单独分出执行满刮腻子项目。

3.4.2　工程量清单计量与计价规范应用

【案例背景】

图 3-15 所示为全玻璃门立面，洞口尺寸为 1500mm×2100mm，共 10 樘。油漆为底油一遍、刮腻子、调和漆 3 遍，编制工程量计价表。

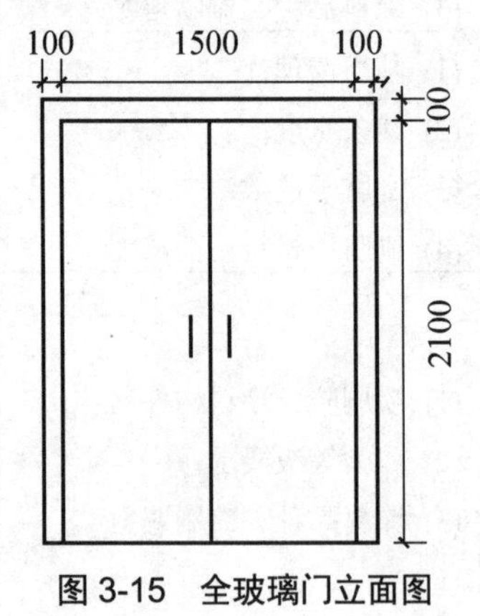

图 3-15　全玻璃门立面图

【案例分析】

任务 1　编制木油漆分部分项工程量清单。

根据《计量规范》(GB 50854—2013)中表 P.1(本书中表 3-29)门油漆列项。

项目编码：011401001001。

工程内容：基层清理、砂浆制作、运输、黏结层铺贴、面层安装、嵌缝、刷防护材料、磨光、酸洗、打蜡。

工程量计算规则：以樘计量，按设计图示以数量计量。

工程数量：10 樘。

将上述计算结果及相关内容填入“分部分项工程及单价措施项目清单与计价表”，如表 3-37 所示。

表 3-37　分部分项工程及单价措施项目清单与计价表

工程名称：某装饰工程　　　　第 1 页 共 1 页

序号	项目编码	项目名称	项目特征	计量单位	工程量	金额/元		
						综合单价	合价	其中：暂估价
1	011401001001	门油漆	(1) 门类型：全玻门； (2) 门代号及洞口尺寸为 1500mm×2100mm； (3) 油漆品种、刷漆遍数：底油一遍、刮腻子、调和漆 3 遍	樘	10	115.93	1159.30	

2. 编制分部分项工程工程量清单计价表

依据《重庆市建筑工程与装饰工程计价定额》(CQJZZSDE—2018)组价。

综合单价计算如下。

(1) 该项目发生的工作内容为基层清理、刮腻子、刷防护材料、油漆。

(2) 依据现行消耗量定额计算工程量，确定定额项目。

底油一遍，调和漆两遍工程量为 1.5×2.4×0.83(油漆系数)×10=29.88(m^2)

套用定额 LE0001 子目。

每增加一遍调和漆工程量为 29.88m^2。

套用定额 LE0002 子目。

(3) 分别计算清单项目每计量单位应包含的各项工程内容的工程数量。

底油一遍，调和漆两遍：29.88/10=2.988m^2/樘

每增加一遍调和漆：29.88/10=2.988m^2/樘

(4) 人、材、机单价选用市场信息价。

(5) 计算清单项目每计量单位所含各项工程内容的人工费、材料费、机械费。

(6) 根据企业情况确定管理费率为 15.61%，利润率为 9.61%，均以人工费为计费基础。

(7) 综合单价=人工费+材料费+机械费+管理费+利润=66.86+31.01+18.07=115.93(元/樘)。其中，各部分费用由各定额子目组成，如人工费=底油一遍调和漆两遍全玻门人工费+调和漆增一遍单层全玻门人工费，具体费用数据见表 3-38。

(8) 合价=综合单价×清单工程量=115.93×10=1159.30(元)。(具体费用数据见表 3-37)

(9) 将上述计算结果及相关内容填入“分部分项工程及单价措施项目清单与计价表”

和“分部分项工程工程量清单综合单价分析表”中，如表3-37和表3-38所示。

表3-38　分部分项工程工程量清单综合单价分析表

<table>
<tr><td>项目编码</td><td colspan="2">011401001001</td><td colspan="2">项目名称</td><td colspan="3">门油漆</td><td colspan="2">计量单位</td><td colspan="2">m²</td></tr>
<tr><td colspan="12">清单综合单价组成明细</td></tr>
<tr><td rowspan="2">定额编号</td><td rowspan="2">定额名称</td><td rowspan="2">定额单位</td><td rowspan="2">数量</td><td colspan="4">单　价</td><td colspan="4">合　价</td></tr>
<tr><td>人工费</td><td>材料费</td><td>机械费</td><td>管理费和利润</td><td>人工费</td><td>材料费</td><td>机械费</td><td>管理费和利润</td></tr>
<tr><td>LE0001</td><td>底油一遍调和漆两遍全玻门</td><td rowspan="2">10m²</td><td rowspan="2">2.988</td><td>173.75</td><td>73.10</td><td>—</td><td>46.95</td><td>51.92</td><td>21.84</td><td>—</td><td>14.03</td></tr>
<tr><td>LE0002</td><td>调和漆增一遍单层全玻门</td><td>50.00</td><td>30.68</td><td>—</td><td>13.52</td><td>14.94</td><td>9.17</td><td>—</td><td>4.04</td></tr>
<tr><td colspan="2">人工单价</td><td colspan="6">合计</td><td>66.86</td><td>31.01</td><td>—</td><td>18.07</td></tr>
<tr><td colspan="2">油漆综合工日125元/工日</td><td colspan="6">未计价材料费</td><td colspan="4"></td></tr>
<tr><td colspan="8">清单项目综合单价</td><td colspan="4">115.93</td></tr>
<tr><td rowspan="4">材料费用明细</td><td colspan="5">主要材料名称、规格、型号</td><td>单位</td><td>数量</td><td>单价/元</td><td>合价/元</td><td>暂估单价/元</td><td>暂估合价/元</td></tr>
<tr><td colspan="5">(略)</td><td></td><td></td><td></td><td></td><td></td><td></td></tr>
<tr><td colspan="7">其他材料费</td><td></td><td></td><td>—</td><td></td></tr>
<tr><td colspan="7">材料费小计</td><td></td><td></td><td>—</td><td></td></tr>
</table>

思考与训练

一、多项选择题

1. 在某装饰工程工程量清单中，分项木墙裙油漆(011401002001)的项目特征应描述的主要内容是(　　)。

A. 腻子种类　　　　B. 刮腻子要求

C. 抹灰厚度　　　　D. 材料种类

E. 油漆品种、刷漆遍数

2. 下列关于清单项目门、窗油漆工程量计算规则，说法正确的是(　　)。

A. 以樘计量，按设计图示数量计算

B. 以m^2计量，按设计图示洞口尺寸以面积计算

C. 以t计量，按设计图示尺寸以质量计算

D. 以m^2计量，按设计展开面积计算

E. 以m计量，按设计图示尺寸以长度计算

二、实务题

1. 编制项目 3.1 中的实务题 1 大厅装饰油漆、涂料分部分项工程工程量清单与计价表。

2. 某天棚工程轻钢龙骨石膏吊顶平面、剖面示意图如图 3-16 和图 3-17 所示，面层贴发泡壁纸和金属壁纸，试编制该工程工程量清单与计价表。

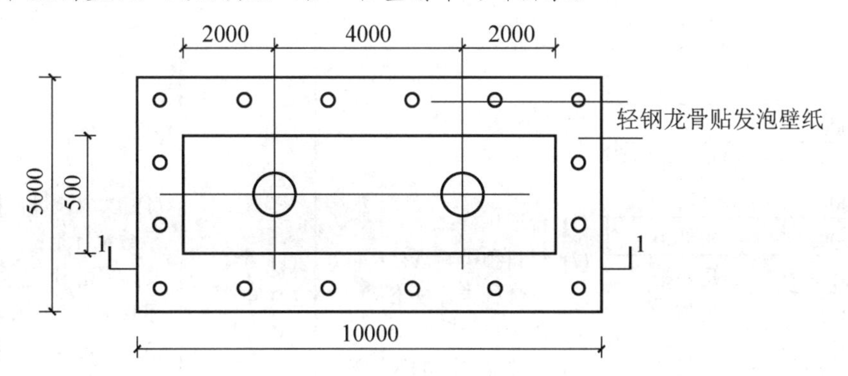

图 3-16 天棚平面图

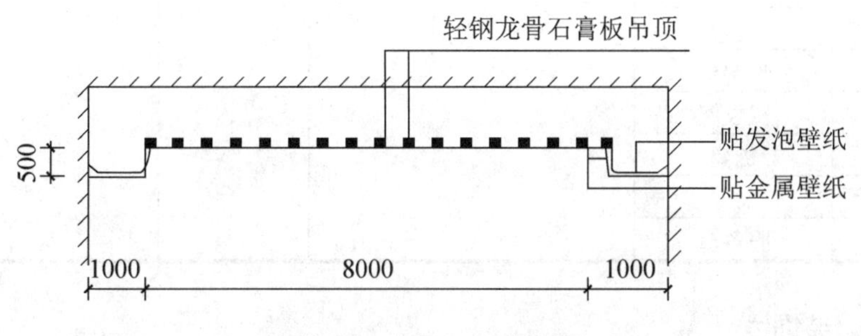

图 3-17 天棚 1—1 剖面图

项目 3.5 其他装饰工程

能力标准：

- 了解其他装饰工程分部分项工程工程量清单编制内容。
- 会计算其他装饰工程清单工程量，会进行项目编码、项目特征描述。
- 会用地区计价进行综合单价组价。

3.5.1 计量规范及应用说明

根据《计量规范》(GB 50854—2013)中其他装饰工程工程量清单项目划分共计 8 节 62 项，常用计量规范项目如下。

柜类、货架工程量清单项目的设置、项目特征描述、计量单位及工程量计算规则，应按表 3-39 所列的规定执行。

表 3-39　柜类、货架(编号：011501)

项目编码	项目名称	项目特征	计量单位	工程量计算规则
011501001	柜台	(1) 台柜规格； (2) 材料种类、规格； (3) 五金种类、规格； (4) 防护材料种类； (5) 油漆品种、刷漆遍数	(1) 个 (2) m (3) m^3	(1) 以个计量，按设计图示数量计量； (2) 以 m 计量，按设计图示尺寸以“延长米”计算； (3) 以 m^3 计量，按设计图示尺寸以体积计算
011501002	酒柜			
011501003	衣柜			
011501004	存包柜			
011501005	鞋柜			
011501006	书柜			
011501007	厨房壁柜			
011501008	木壁柜			
011501009	厨房低柜			
011501010	厨房吊柜			
011501011	矮柜			
011501012	吧台背柜			
011501013	酒吧吊柜			
011501014	酒吧台			
011501015	展台			
011501016	收银台			
011501017	试衣间			
011501018	货架			
011501019	书架			
011501020	服务台			

1. 压条、装饰线

压条、装饰线工程量清单项目的设置、项目特征描述、计量单位及工程量计算规则，应按表 3-40 所列的规定执行。

表 3-40　压条、装饰线(编号：011502)

项目编码	项目名称	项目特征	计量单位	工程量计算规则
011502001	金属装饰线	(1) 基层类型； (2) 线条材料品种、规格、颜色； (3) 防护材料种类	m	按设计图示尺寸以长度计算
011502002	木质装饰线			
011502003	石材装饰线			
011502004	石膏装饰线			
011502005	镜面玻璃线	(1) 基层类型； (2) 线条材料品种、规格、颜色； (3) 防护材料种类		
011502006	铝塑装饰线			
011502007	塑料装饰线			
011502008	GRC 装饰线条	(1) 基层类型； (2) 线条规格； (3) 线条安装部位； (4) 填充材料种类		

2. 扶手、栏杆、栏板装饰

扶手、栏杆、栏板装饰工程量清单项目的设置、项目特征描述、计量单位及工程量计算规则，应按表 3-41 所列的规定执行。

表 3-41　扶手、栏杆、栏板装饰(编号：011503)

<table>
<tr><th>项目编码</th><th>项目名称</th><th>项目特征</th><th>计量单位</th><th>工程量计算规则</th></tr>
<tr><td>011503001</td><td>金属扶手、栏杆、栏板</td><td rowspan="3">(1) 扶手材料种类、规格；
(2) 栏杆材料种类、规格；
(3) 栏板材料种类、规格、颜色；
(4) 固定配件种类；
(5) 防护材料种类</td><td rowspan="4">m</td><td rowspan="4">按设计图示以扶手中心长度(包括弯头长度)计算</td></tr>
<tr><td>011503002</td><td>硬木扶手、栏杆、栏板</td></tr>
<tr><td>011503003</td><td>塑料扶手、栏杆、栏板</td></tr>
<tr><td>011503004</td><td>GRC 扶手、栏杆</td><td>(1) 栏杆的规格；
(2) 安装间距；
(3) 扶手类型规格；
(4) 填充材料种类</td></tr>
<tr><td>011503005</td><td>金属靠墙扶手</td><td rowspan="3">(1) 扶手材料种类、规格；
(2) 固定配件种类；
(3) 防护材料种类</td><td rowspan="4">m</td><td rowspan="4">按设计图示以扶手中心长度(包括弯头长度)计算</td></tr>
<tr><td>011503006</td><td>硬木靠墙扶手</td></tr>
<tr><td>011503007</td><td>塑料靠墙扶手</td></tr>
<tr><td>011503008</td><td>玻璃栏板</td><td>(1) 栏杆玻璃的种类、规格、颜色；
(2) 固定方式；
(3) 固定配件种类</td></tr>
</table>

3. 暖气罩

暖气罩工程量清单项目的设置、项目特征描述、计量单位及工程量计算规则，应按表 3-42 所列的规定执行。

表 3-42　暖气罩(编号：011504)

<table>
<tr><th>项目编码</th><th>项目名称</th><th>项目特征</th><th>计量单位</th><th>工程量计算规则</th></tr>
<tr><td>011504001</td><td>饰面板暖气罩</td><td rowspan="3">(1) 暖气罩材质；
(2) 防护材料种类</td><td rowspan="3">m^2</td><td rowspan="3">按设计图示尺寸以垂直投影面积(不展开)计算</td></tr>
<tr><td>011504002</td><td>塑料板暖气罩</td></tr>
<tr><td>011504003</td><td>金属暖气罩</td></tr>
</table>

4. 浴厕配件

浴厕配件工程量清单项目的设置、项目特征描述、计量单位及工程量计算规则，应按表 3-43 所列的规定执行。

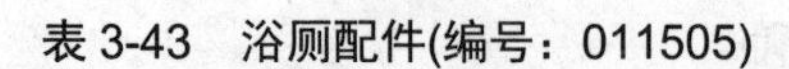

表 3-43　浴厕配件(编号：011505)

项目编码	项目名称	项目特征	计量单位	工程量计算规则
011505001	洗漱台	(1) 材料品种、规格、颜色； (2) 支架、配件品种、规格	m^2	按设计图示尺寸以台面外接矩形面积计算。不扣除孔洞、挖弯、削角所占面积，挡板、吊沿板面积并入台面面积内
011505002	晒衣架		个	按设计图示以数量计算
011505003	帘子杆			
011505004	浴缸拉手			
011505005	卫生间扶手			
011505006	毛巾杆(架)	(1) 材料品种、规格、颜色； (2) 支架、配件品种、规格	套	按设计图示以数量计算
011505007	毛巾环		副	
011505008	卫生纸盒		个	
011505009	肥皂盒			
011505010	镜面玻璃	(1) 镜面玻璃品种、规格； (2) 框材质、断面尺寸； (3) 基层材料种类； (4) 防护材料种类	m^2	按设计图示尺寸以边框外围面积计算
011505011	镜箱	(1) 箱体材质、规格； (2) 玻璃品种、规格； (3) 基层材料种类； (4) 防护材料种类； (5) 油漆品种、刷漆遍数	个	按设计图示以数量计算

5. 雨篷、旗杆

雨篷、旗杆工程量清单项目的设置、项目特征描述、计量单位及工程量计算规则，应按表 3-44 所列的规定执行。

表 3-44　雨篷、旗杆(编号：011506)

项目编码	项目名称	项目特征	计量单位	工程量计算规则
011506001	雨篷吊挂饰面	(1) 基层类型； (2) 龙骨材料种类、规格、中距； (3) 面层材料品种、规格； (4) 吊顶(天棚)材料品种、规格； (5) 嵌缝材料种类； (6) 防护材料种类	m^2	按设计图示尺寸以水平投影面积计算

续表

项目编码	项目名称	项目特征	计量单位	工程量计算规则
011506002	金属旗杆	(1) 旗杆材料、种类、规格； (2) 旗杆高度； (3) 基础材料种类； (4) 基座材料种类； (5) 基座面层材料、种类、规格	根	按设计图示以数量计算
011506003	玻璃雨篷	(1) 玻璃雨篷固定方式； (2) 龙骨材料种类、规格、中距； (3) 玻璃材料品种、规格； (4) 嵌缝材料种类； (5) 防护材料种类	m^2	按设计图示尺寸以水平投影面积计算

6. 招牌、灯箱

招牌、灯箱工程量清单项目的设置、项目特征描述、计量单位及工程量计算规则，应按表 3-45 所列的规定执行。

表 3-45　招牌、灯箱(编号：011507)

项目编码	项目名称	项目特征	计量单位	工程量计算规则
011507001	平面、箱式招牌	(1) 箱体规格； (2) 基层材料种类； (3) 面层材料种类； (4) 防护材料种类	m^2	按设计图示尺寸以正立面边框外围面积计算。复杂形的凸凹造型部分不增加面积
011507002	竖式标箱		个	按设计图示以数量计算
011507003	灯箱			
011507004	信报箱	(1) 箱体规格； (2) 基层材料种类； (3) 面层材料种类； (4) 保护材料种类； (5) 户数		

7. 美术字

美术字工程量清单项目的设置、项目特征描述、计量单位及工程量计算规则，应按表 3-46 所列的规定执行。

表 3-46　美术字(编号：011508)

项目编码	项目名称	项目特征	计量单位	工程量计算规则
011508001	泡沫塑料字	(1) 基层类型； (2) 镌字材料品种、颜色； (3) 字体规格； (4) 固定方式； (5) 油漆品种、刷漆遍数	个	按设计图示以数量计算
011508002	有机玻璃字			
011508003	木质字			
011508004	金属字			
011508005	吸塑字			

8. 其他说明

(1) 柜类、货架、涂刷配件、雨篷、旗杆、招牌、灯箱、美术字等单件项目，工作内容中包括了“刷油漆”，主要考虑整体性，不得单独将油漆分离，单列油漆清单项目；本附录其他项目，工作内容中没有包括“刷油漆”，可单独按《计量规范》(GB 50854—2013)中附录 P 相应项目分别编码列项。

(2) 凡栏杆、栏板含扶手的项目，不得单独将扶手进行编码列项。

3.5.2　工程量清单计量与计价规范应用

【案例背景】某工程檐口上方设招牌，长 28m、高 1.5m，钢结构龙骨，铝塑板面层，上嵌 8 个 1m×1m 泡沫塑料有机玻璃面大字。试编制该工程工程量清单及计价表。

【案例分析】

1) 编制该工程分部分项工程工程量清单

根据《计量规范》(GB 50854—2013)中表 Q.7、Q.8(本书中表 3-45 和表 3-46)列项。

项目名称：平面招牌，项目编码：011507001001

项目名称：有机玻璃字，项目编码：011508003001

根据相应清单工程量计算规则，计算清单项目工程量。

平面招牌工程数量：28×1.5=42(m^2)(按设计图示尺寸以正立面边框外围面积计算)。

有机玻璃字工程数量：8 个。

将上述计算结果及相关内容填入“分部分项工程和单价措施项目清单与计价表”，如表 3-47 所示。

2) 编制分部分项工程工程量清单计价表

依据《重庆市建筑工程与装饰工程计价定额》(CQJZZSDE—2018)组价。

综合单价计算如下。

(1) 该项目发生的工作内容为基层清理、刮腻子、刷防护材料、油漆。

(2) 依据现行消耗量定额计算工程量，确定定额项目。

① 美术字的工程量：8 个。

1.0m^2 以内铝合金扣板面层，套用定额 LF0157 子目。

表 3-47　分部分项工程和单价措施项目清单与计价表

工程名称：某装饰工程　　　　　　　　　　　　　　　　　　　　　　　　　　第 1 页　共 1 页

序号	项目编码	项目名称	项目特征	计量单位	工程量	金额/元		
						综合单价	合价	其中：暂估价
1	011507001001	平面招牌	(1) 基层材料种类：钢结构龙骨，九夹板基层；(2) 面层材料种类：铝塑板	m^2	42	349.88	14694.96	
2	011508003001	有机玻璃字	(1) 基层类型：铝塑板；(2) 镌字材料品种、颜色：泡沫塑料有机玻璃面；(3) 字体规格：1m×1m；(4) 固定方式：胶黏	个	8	97.67	976.70	

② 招牌龙骨的工程量：28×1.5=42(m^2)。

钢结构龙骨套用定额 LF0144 子目。

③ 面层工程量：42m^2。

铝塑板面层，套用定额 LF0152 子目。

(3) 分别计算清单项目每计量单位应包含的各项工程内容的工程数量。

招牌钢结构龙骨 42/42=1.0。

招牌面层铝塑板 42/42=1.0。

泡沫有机玻璃字 8/8=1.0。

(4) 人、材、机单价选用市场信息价。

(5) 计算清单项目每计量单位所含各项工程内容的人工费、材料费、机械费。

(6) 根据企业情况确定管理费为 15.61%，利润为 9.61%，均以人工费为计费基础。

(7) 平面招牌综合单价=人工费+材料费+机械费+管理费+利润。

$$85.26+239.85+1.74+23.03=349.88(\text{元}/m^2)$$

其中，各部分费用由各定额子目组成，如人工费=招牌钢结构龙骨人工费+招牌面层铝塑板人工费，具体费用计算过程见表 3-48。

有机玻璃字综合单价=人工费+材料费+机械费+管理费+利润

$$57.75+24.32+15.60=97.67(\text{元}/m^2)$$

其中，各部分费用由各定额子目组成，如人工费=泡塑有机玻璃字人工费，具体费用计算过程见表 3-48。

(8) 合价=综合单价×清单工程量=349.88×42+97.67×10=15671.66(元)。具体费用计算过程见表 3-47。

(9) 将上述计算结果及相关内容填入“分部分项工程及单价措施项目清单与计价表”和“分部分项工程工程量清单综合单价分析表”中，如表 3-47 和表 3-48 所示。

表 3-48 分部分项工程工程量清单综合单价分析表

项目编码	011507001001			项目名称			平面招牌			计量单位	m^2
清单综合单价组成明细											
定额编号	定额名称	定额单位	数量	单价				合价			
				人工费	材料费	机械费	管理费和利润	人工费	材料费	机械费	管理费和利润
LF0144	招牌钢结构龙骨	$10m^2$	1.0	696.25	960.50	17.41	188.12	69.63	96.05	1.74	18.81
LF0152	招牌面层铝塑板			156.25	1437.99	—	42.22	15.63	143.80	—	4.22
人工单价		合计						85.26	239.85	1.74	23.03
综合工日 125 元/工日		未计价材料费									
清单项目综合单价								349.88			
材料费用明细	主要材料名称、规格、型号				单位		数量	单价/元	合价/元	暂估单价/元	暂估合价/元
	(略)										
	其他材料费							—		—	
	材料费小计							—		—	

项目编码	011508003001			项目名称			有机玻璃字			计量单位	个
清单综合单价组成明细											
定额编号	定额名称	定额单位	数量	单价				合价			
				人工费	材料费	机械费	管理费和利润	人工费	材料费	机械费	管理费和利润
LF0157	泡塑有机玻璃字	1 个	1.0	57.75	24.32	—	15.6	57.75	24.32	—	15.6
人工单价		合计						57.75	24.32	—	15.60
综合工日 125 元/工日		未计价材料费									
清单项目综合单价								97.67			
材料费用明细	主要材料名称、规格、型号				单位		数量	单价/元	合价/元	暂估单价/元	暂估合价/元
	有机玻璃美术字				个						
	其他材料费							—		—	
	材料费小计							—		—	

思考与训练

一、多项选择题

1. 在某装饰工程工程量清单，分项木质装饰线(011504002001)的项目特征应描述的主要内容是(　　)。

A. 基层类型　　B. 线条材料品种、规格、颜色
C. 抹灰厚度　　D. 防护材料种类
E. 油漆品种、刷漆遍数

2. 下列关于清单项目洗漱台工程量计算规则，说法正确的是(　　)。
A. 按设计图示尺寸以台面外接矩形面积计算
B. 不扣除孔洞、挖弯、削角所占面积
C. 扣除孔洞、挖弯、削角所占面积
D. 挡板、吊沿板面积并入台面面积内计算
E. 挡板、吊沿板面积不计算

二、实务题

某宾馆卫生间洗漱台采用双孔黑色大理石台面板，台面尺寸为2200mm×550mm; 裙边、挡水板均为黑色大理石板，宽度250mm，通长设置；墙面设置无框车边玻璃，单面镜子尺寸为1800mm×900mm，共两面镜子。试编制该工程工程量清单与计价表。

项目3.6　门窗工程与措施项目

能力标准：

- 了解门窗工程与措施项目分部分项工程工程量清单编制内容。
- 会计算门窗工程与措施项目清单工程量，会进行项目编码设置、项目特征描述。
- 会用地区计价定额进行综合单价组价。

3.6.1　计量规范及应用说明

1. 门窗工程量计量

根据《计量规范》(GB 50854—2013)中门窗工程工程量清单项目划分共计10节55项。常用计量规范项目如下。

1) 木门

木门工程量清单项目的设置、项目特征描述、计量单位及工程量计算规则，应按表3-49所列的规定执行。

2) 金属门

金属门工程量清单项目的设置、项目特征描述、计量单位及工程量计算规则，应按表3-50所列的规定执行。

3) 金属卷帘(闸)门

金属卷帘(闸)门工程量清单项目的设置、项目特征描述内容、计量单位及工程量计算规则，应按表3-51所列的规定执行。

表 3-49　木门(编码：010801)

<table>
<tr><th>项目编码</th><th>项目名称</th><th>项目特征</th><th>计量单位</th><th>工程量计算规则</th></tr>
<tr><td>010801001</td><td>木质门</td><td rowspan="4">(1) 门代号及洞口尺寸；
(2) 镶嵌玻璃品种、厚度</td><td rowspan="4">(1)樘
(2)m^2</td><td rowspan="4">(1) 以樘计量，按设计图示以数量计算；
(2) 以 m^2 计量，按设计图示以洞口尺寸以面积计算</td></tr>
<tr><td>010801002</td><td>木质门带套</td></tr>
<tr><td>010801003</td><td>木质连窗门</td></tr>
<tr><td>010801004</td><td>木质防火门</td></tr>
<tr><td>010801005</td><td>木门框</td><td>(1) 门代号及洞口尺寸；
(2) 框截面尺寸；
(3) 防护材料种类</td><td>(1)樘
(2)m</td><td>(1) 以樘计量，按设计图示以数量计算；
(2) 以 m 计量，按设计图示框的中心线以延长米计算</td></tr>
<tr><td>010801006</td><td>门锁安装</td><td>(1) 锁品种；
(2) 锁规格</td><td>个(套)</td><td>按设计图示以数量计算</td></tr>
</table>

注：1. 木质门应区分镶板木门、企口木板门、实木装饰门、胶合板门、夹板装饰门、木纱门、全玻门(带木质扇框)、木质半玻门(带木质扇框)等项目，分别编码列项。

2. 木门五金应包括折页、插销、门碰珠、弓背拉手、搭机、木螺钉、弹簧折页(自动门)、管子拉手(自由门、地弹门)、地弹簧(地弹门)、角铁、门轧头(地弹门、自由门)等。

3. 木质门带套计量按洞口尺寸以面积计算，不包括门套的面积，但门套应计算在综合单价中。

4. 以樘计量，项目特征必须描述洞口尺寸；以 m^2 计量，项目特征可不描述洞口尺寸。

5. 单独制作安装木门框按木门框项目编码列项。

表 3-50　金属门(编码：010802)

<table>
<tr><th>项目编码</th><th>项目名称</th><th>项目特征</th><th>计量单位</th><th>工程量计算规则</th></tr>
<tr><td>010802001</td><td>金属(塑钢)门</td><td>(1) 门代号及洞口尺寸；
(2) 门框或扇外围尺寸；
(3) 门框、扇材质；
(4) 玻璃品种、厚度</td><td rowspan="4">(1)樘
(2)m^2</td><td rowspan="4">(1) 以樘计量，按设计图示以数量计算；
(2) 以 m^2 计量，按设计图示洞口尺寸以面积计算</td></tr>
<tr><td>010802002</td><td>彩板门</td><td>(1) 门代号及洞口尺寸；
(2) 门框或扇外围尺寸</td></tr>
<tr><td>010802003</td><td>钢质防火门</td><td rowspan="2">(1) 门代号及洞口尺寸；
(2) 门框或扇外围尺寸；
(3) 门框、扇材质</td></tr>
<tr><td>010802004</td><td>防盗门</td></tr>
</table>

注：1. 金属门应区分金属平开门、金属推拉门、金属地弹门、全玻门(带金属扇框)、金属半玻门(带扇框)等项目，分别编码列项。

2. 铝合金门五金包括地弹簧、门锁、拉手、门插、门铰、螺钉等。

3. 金属门五金包括 L 形执手插锁(双舌)、执手锁(单舌)、门轨头、地锁、防盗门机、门眼(猫眼)、门碰珠、电子锁(磁卡锁)、闭门器、装饰拉手等。

4. 以樘计量，项目特征必须描述洞口尺寸，没有洞口尺寸必须描述门框或扇外围尺寸，以 m^2 计量，项目特征可不描述洞口尺寸及框、扇的外围尺寸。

5. 以 m^2 计量，无设计图示洞口尺寸，按门框、扇外围以面积计算。

表 3-51 金属卷帘(闸)门(编码：010803)

<table>
<tr><th>项目编码</th><th>项目名称</th><th>项目特征</th><th>计量单位</th><th>工程量计算规则</th></tr>
<tr><td>010803001</td><td>金属卷帘(闸)门</td><td rowspan="2">(1) 门代号及洞口尺寸；
(2) 门材质；
(3) 启动装置品种、规格</td><td rowspan="2">(1) 樘
(2) m^2</td><td rowspan="2">(1) 以樘计量，按设计图示以数量计算；
(2) 以 m^2 计量，按设计图示洞口尺寸以面积计算</td></tr>
<tr><td>010803002</td><td>防火卷帘(闸)门</td></tr>
</table>

注：以樘计量，项目特征必须描述洞口尺寸；以 m^2 计量，项目特征可不描述洞口尺寸。

4) 其他门(1)

其他门工程量清单项目的设置、项目特征描述内容、计量单位及工程量计算规则，应按表 3-52 所列的规定执行。

表 3-52 其他门(1)(编码：010804)

<table>
<tr><th>项目编码</th><th>项目名称</th><th>项目特征</th><th>计量单位</th><th>工程量计算规则</th></tr>
<tr><td>010804001</td><td>木板大门</td><td rowspan="3">(1) 门代号及洞门尺寸；
(2) 门框或扇外围尺寸；
(3) 门框、扇材质；
(4) 五金种类、规格；
(5) 防护材料种类</td><td rowspan="3">(1) 樘
(2) m^2</td><td rowspan="3">(1) 以樘计量，按设计图示以数量计算；
(2) 以 m^2 计量，按设计图示洞口尺寸以面积计算</td></tr>
<tr><td>010804002</td><td>钢木大门</td></tr>
<tr><td>010804003</td><td>全钢板大门</td></tr>
<tr><td>010804004</td><td>防护铁丝门</td><td>(1) 门代号及洞门尺寸；
(2) 门框或扇外围尺寸；
(3) 门框、扇材质；
(4) 五金种类、规格；
(5) 防护材料种类</td><td rowspan="4">(1) 樘
(2) m^2</td><td>(1) 以樘计量，按设计图示以数量计算；
(2) 以 m^2 计量，按设计图示门框或扇以面积计算</td></tr>
<tr><td>010804005</td><td>金属格栅门</td><td>(1) 门代号及洞口尺寸；
(2) 门框或扇外围尺寸；
(3) 门框、扇材质；
(4) 启动装置的品种、规格</td><td>(1) 以樘计量，按设计图示以数量计算；
(2) 以 m^2 计量，按设计图示洞口尺寸以面积计算</td></tr>
<tr><td>010804006</td><td>钢质花饰大门</td><td rowspan="2">(1) 门代号及洞口尺寸；
(2) 门框或扇外围尺寸；
(3) 门框、扇材质</td><td>(1) 以樘计量，按设计图示以数量计算；
(2) 以 m^2 计量，按设计图示门框或扇以面积计算</td></tr>
<tr><td>010804007</td><td>特种门</td><td>(1) 以樘计量，按设计图示以数量计算；
(2) 以 m^2 计量，按设计图示洞口尺寸以面积计算</td></tr>
</table>

注：1. 特种门应区分冷藏门、冷冻闸门、保温门、变电室门、隔音门、防射线门、人防门、金库门等项目，分别编码列项。

2. 以樘计量，项目特征必须描述洞口尺寸，没有洞口尺寸必须描述门框或扇外围尺寸；以 m^2 计量，项目特征可不描述洞口尺寸及框、扇的外围尺寸。

3. 以 m^2 计量，无设计图示洞口尺寸，按门框、扇外围以面积计算。

5) 其他门(2)

其他门工程量清单项目的设置、项目特征描述、计量单位及工程量计算规则，应按表3-53所列的规定执行。

表3-53　其他门(1)(编码：010805)

项目编码	项目名称	项目特征	计量单位	工程量计算规则
010805001	电子感应门	(1) 门代号及洞口尺寸； (2) 门框或扇外围尺寸； (3) 门框、扇材质； (4) 玻璃品种、厚度； (5) 启动装置的品种、规格； (6) 电子配件品种、规格	(1) 樘 (2) m^2	(1) 以樘计量，按设计图示以数量计算； (2) 以 m^2 计量，按设计图示洞口尺寸以面积计算
010805002	旋转门			
010805003	电子对讲门	(1) 门代号及洞口尺寸； (2) 门框或扇外围尺寸； (3) 门材质； (4) 玻璃品种、厚度； (5) 启动装置的品种、规格； (6) 电子配件品种、规格		
010805004	电动伸缩门			
010805005	全玻自由门	(1) 门代号及洞口尺寸； (2) 门框或扇外围尺寸； (3) 框材质； (4) 玻璃品种、厚度		
010805006	镜面不锈饰面门	(1) 门代号及洞口尺寸； (2) 门框或扇外围尺寸； (3) 框、扇材质； (4) 玻璃品种、厚度		
010805007	复合材料门			

6) 木窗

木窗工程量清单项目的设置、项目特征描述、计量单位及工程量计算规则，应按表3-54所列的规定执行。

表3-54　木窗(编码010806)

项目编码	项目名称	项目特征	计量单位	工程量计算规则
010806001	木质窗	(1) 窗代号及洞口尺寸； (2) 玻璃品种、厚度	(1) 樘 (2) m^2	(1) 以樘计量，按设计图示以数量计算； (2) 以 m^2 计量，按设计图示洞口尺寸以面积计算
010806002	木飘(凸)窗			(1) 以樘计量，按设计图示以数量计算； (2) 以 m^2 计量，按设计图示尺寸以框外围展开面积计算
010806003	木橱窗	(1) 窗代号； (2) 框截面及外围展开面积； (3) 玻璃品种、厚度； (4) 防护材料种类		

续表

项目编码	项目名称	项目特征	计量单位	工程量计算规则
010806004	木纱窗	(1) 窗代号及框的外围尺寸； (2) 窗纱材料品种、规格	(1) 樘 (2) m^2	(1) 以樘计量，按设计图示以数量计算； (2) 以 m^2 计量，按框的外围尺寸以面积计算

注：1. 木质窗应区分木百叶窗、木组合窗、木天窗、木固定窗、木装饰空花窗等项目，分别编码列项。

2. 以樘计量，项目特征必须描述洞口尺寸，没有洞口尺寸必须描述窗框外围尺寸；以 m^2 计量，项目特征可不描述洞口尺寸及框的外围尺寸。

3. 以 m^2 计量，无设计图示洞口尺寸，按窗框外围以面积计算。

4. 木橱窗、木飘(凸)窗以樘计量，项目特征必须描述框截面及外围展开面积。

5. 木窗五金包括折页、插锁、风钩、木螺钉、滑轮滑轨(推拉窗)等。

7) 金属窗

金属窗工程量清单项目的设置、项目特征描述、计量单位及工程量计算规则，应按表3-55所列的规定执行。

表 3-55 金属窗(编码 010807)

项目编码	项目名称	项目特征	计量单位	工程量计算规则
010807001	金属(塑钢、断桥)窗	(1) 窗代号及洞口尺寸； (2) 框、扇材质； (3) 玻璃品种、厚度	(1) 樘 (2) m^2	(1) 以樘计量，按设计图示以数量计算； (2) 以 m^2 计量，按设计图示洞口尺寸以面积计算
010807002	金属防火窗			
010807003	金属百叶窗			
010807004	金属纱窗	(1) 窗代号及框的外围尺寸； (2) 框材质； (3) 窗纱材料品种、规格		(1) 以樘计量，按设计图示以数量计算； (2) 以 m^2 计量，按框的外围尺寸以面积计算
010807005	金属格栅窗	(1) 窗代号及洞口尺寸； (2) 框外围尺寸； (3) 框、扇材质		(1) 以樘计量，按设计图示以数量计算； (2) 以 m^2 计量，按设计图示洞口尺寸以面积计算

续表

项目编码	项目名称	项目特征	计量单位	工程量计算规则
010807006	金属(塑钢断桥)橱窗	(1) 窗代号； (2) 框外围展开面积； (3) 框、扇材质； (4) 玻璃品种、厚度； (5) 防护材料种类	(1) 樘 (2) m^2	(1) 以樘计量，按设计图示以数量计算； (2) 以 m^2 计量，按设计图示尺寸以框外围展开面积计算
010807007	金属(塑钢、断桥)飘(凸)窗	(1) 窗代号； (2) 框外围展开面积； (3) 框、扇材质； (4) 玻璃品种、厚度		
010807008	彩板窗	(1) 窗代号及洞口尺寸； (2) 框外围尺寸； (3) 框、扇材质； (4) 玻璃品种、厚度		(1) 以樘计量，按设计图示以数量计算； (2) 以 m^2 计量，按设计图示洞口尺寸或框外围以面积计算
010807009	复合材料窗			

注：1. 金属窗应区分金属组合窗、防盗窗等项目，分别编码列项。

2. 以樘计量，项目特征必须描述洞口尺寸，没有洞口尺寸必须描述窗框外围尺寸；以 m^2 计量，项目特征可不描述洞口尺寸及框的外围尺寸。

3. 以 m^2 计量，无设计图示洞口尺寸，按窗框外围以面积计算。

4. 金属橱窗、飘(凸)窗以樘计量，项目特征必须描述框外围展开面积。

5. 金属窗五金包括折页、螺钉、执手、卡锁、铰拉、风撑、滑轮、滑轨、拉把、拉手、角码、牛角制等。

8) 门窗套

门窗套工程量清单项目的设置、项目特征描述、计量单位及工程量计算规则，应按表 3-56 所列的规定执行。

表 3-56　门窗套(编码：010808)

项目编码	项目名称	项目特征	计量单位	工程量计算规则
010808001	木门窗套	(1) 窗代号及洞口尺寸； (2) 门窗套展开宽度； (3) 基层材料种类； (4) 面层材料品种、规格； (5) 线条品种、规格； (6) 防护材料种类	(1) 樘 (2) m^2 (3) m	(1) 以樘计量，按设计图示以数量计算； (2) 以 m^2 计量，按设计图示尺寸以展开面积计算； (3) 以 m 计量，按设计图中心以延长米计算

续表

项目编码	项目名称	项目特征	计量单位	工程量计算规则
010808002	木筒子板	(1) 筒子板宽度； (2) 基层材料种类； (3) 面层材料品种、规格； (4) 线条品种、规格； (5) 防护材料种类	(1) 樘 (2) m^2 (3) m	(1) 以樘计量，按设计图示以数量计算； (2) 以 m^2 计量，按设计图示尺寸以展开面积计算； (3) 以 m 计量，按设计图中心以延长米计算
010808003	饰面夹板筒子板			
010808004	金属门窗套	(1) 窗代号及洞口尺寸； (2) 门窗套展开宽度； (3) 基层材料种类； (4) 面层材料品种、规格； (5) 防护材料种类		
010808005	石材门窗套	(1) 窗代号及洞口尺寸； (2) 门窗套展开宽度； (3) 黏结层厚度、砂浆配合比； (4) 面层材料品种、规格； (5) 线条品种、规格		
010808006	门窗木贴脸	(1) 门窗代号及洞口尺寸； (2) 贴脸板宽度； (3) 防护材料种类	(1) 樘 (2) m	(1) 以樘计量，按设计图示以数量计算； (2) 以 m 计量，按设计图示尺寸以延长米计算
010808007	成品木门窗套	(1) 门窗代号及洞口尺寸； (2) 门窗套展开宽度； (3) 门窗套材料品种、规格	(1) 樘 (2) m^2 (3) m	(1) 以樘计量，按设计图示以数量计算； (2) 以 m^2 计量，按设计图示尺寸以展开面积计算 (3) 以 m 计量，按设计图示中心以延长米计算

注：1. 以樘计量，项目特征必须描述洞口尺寸、门窗套展开宽度。
2. 以 m^2 计量，项目特征可不描述洞口尺寸、门窗套展开宽度。
3. 以 m 计量，项目特征必须描述门窗套展开宽度、筒子板及贴脸宽度。
4. 木门窗套适用于单独门窗套的制作、安装。

9) 窗台板

窗台板工程量清单项目的设置、项目特征描述、计量单位及工程量计算规则，应按表3-57所列的规定执行。

表 3-57　窗台板(编码：010809)

项目编码	项目名称	项目特征	计量单位	工程量计算规则
010809001	木窗台板	(1) 基层材料种类； (2) 窗台面板材质、规格、颜色； (3) 防护材料种类	m^2	按设计图示尺寸以展开面积计算
010809002	铝塑窗台板			
010809003	金属窗台板			
010809004	石材窗台板	(1) 黏结层厚度、砂浆配合比； (2) 窗台板材质、规格、颜色		

10) 窗帘、窗帘盒、窗帘轨

窗帘、窗帘盒、窗帘轨工程量清单项目的设置、项目特征描述、计量单位及工程量计算规则，应按表 3-58 所列的规定执行。

表 3-58　窗帘、窗帘盒、窗帘轨(编码：010810)

项目编码	项目名称	项目特征	计量单位	工程量计算规则
010810001	窗帘	(1) 窗帘材质； (2) 窗帘高度、宽度； (3) 窗帘层数； (4) 带幔要求	(1) m (2) m^2	(1) 以 m 计量，按设计图示尺寸以成活后长度计算； (2) 以 m^2 计量，按图示尺寸以成活后展开面积计算
010810002	木窗帘盒	(1) 窗帘盒材质、规格； (2) 防护材料种类	m	按设计图示尺寸以长度计算
010810003	饰面夹板、塑料窗帘盒			
010810004	铝合金窗帘盒			
010810005	窗帘轨	(1) 窗帘轨材质、规格； (2) 轨的数量； (3) 防护材料种类		

注：1. 窗帘若是双层，项目特征必须描述每层材质。

2. 窗帘以 m 计量，项目特征必须描述窗帘高度和宽度。

11) 其他说明

(1) 门窗(除个别门窗外)工程均按成品编制项目，若成品中已包含油漆，不再单独计算油漆，不含油漆应按《计量规范》(GB 50854—2013)中附录 P 油漆、涂料、裱糊工程相应编码列项。

(2) 在编制清单项目时，应区分门的分类，分别编码列项。

2. 措施项目工程量计量

根据《计量规范》(GB 50854—2013)中措施项目工程量清单项目划分共计 7 节 52 项。计量规范常用项目摘录如下。

1) 脚手架工程

脚手架工程工程量清单项目的设置、项目特征描述、计量单位及工程量计算规则，应按表 3-59 所列的规定执行。

表 3-59　脚手架工程(编码：011701)

<table>
<tr><th>项目编码</th><th>项目名称</th><th>项目特征</th><th>计量单位</th><th>工程量计算规则</th></tr>
<tr><td>011701001</td><td>综合脚手架</td><td>(1) 建筑结构形式；
(2) 檐口高度</td><td rowspan="4">m^2</td><td>按建筑面积计算</td></tr>
<tr><td>011701002</td><td>外脚手架</td><td rowspan="2">(1) 搭设方式；
(2) 搭设高度；
(3) 脚手架材质</td><td rowspan="2">按所服务对象的垂直投影面积计算</td></tr>
<tr><td>011701003</td><td>里脚手架</td></tr>
<tr><td>011701004</td><td>悬空脚手架</td><td rowspan="2">(1) 搭设方式；
(2) 悬挑宽度；
(3) 脚手架材质</td><td>按搭设的水平投影面积计算</td></tr>
<tr><td>011701005</td><td>挑脚手架</td><td>m</td><td>按搭设长度乘以搭设层数以延长米计算</td></tr>
<tr><td>011701006</td><td>满堂脚手架</td><td>(1) 搭设方式；
(2) 搭设高度；
(3) 脚手架材质</td><td rowspan="3">m^2</td><td>按搭设的水平投影面积计算</td></tr>
<tr><td>011701007</td><td>整体提升架</td><td>(1) 搭设方式及启动装置；
(2) 搭设高度</td><td rowspan="2">按所服务对象的垂直投影面积计算</td></tr>
<tr><td>011701008</td><td>外装饰吊篮</td><td>(1) 升降方式及启动装置；
(2) 搭设高度及吊篮型号</td></tr>
</table>

2) 其他说明

(1) 在编制清单项目时，当列出了综合脚手架时，不得再列出单项脚手架项目，综合脚手架是针对整个房屋建筑土建的和装饰装修部分。

(2) “安全文明施工及其他措施项目”与其他项目的表现形式不同，没有“项目特征”“计量单位”和“工程量计算规则”，取而代之的是该项目的“工作内容及包含范围”，在使用时应充分分析其工作内容和包含范围，根据工程的实际情况进行科学、合理、完整的计量。

3.6.2　工程量清单计量与计价规范应用

【案例背景】某商场中庭装饰，高 10m，局部需要搭设满堂钢管脚手架共 130m^2；安装防火卷帘门 FM-1 洞口尺寸 5600mm×4000mm(4 樘)，FM-2 洞口尺寸 4600mm×4000mm(2 樘)。试编制该商场中庭防火卷帘门和脚手架的分部分项工程及单价措施项目清单。

【案例分析】根据《计量规范》(GB 50854—2013)中表 H.3(本书中表 3-51)金属卷帘(闸)门列项。

项目编码：010803002001

工程内容：门运输、安装、启动装置、五金安装

工程量计算规则：以 m^2 计量，按设计图示洞口尺寸以面积计算。

工程数量：S=5.6×4×4+4.6×4×2=126.4(m^2)

将上述计算结果及相关内容填入“分部分项工程及单价措施项目清单与计价表”，如表 3-60 所示。

根据《计量规范》(GB 50854—2013)中表 S.1(本书中表 3-59)脚手架工程列项。

项目编码：011701006001

工程内容：场内外材料搬运、搭/拆脚手架、安全网铺设等。

工程量计算规则：按搭设的水平投影面积计算。

工程数量：S=130m^2

将上述计算结果及相关内容填入“分部分项工程及单价措施项目清单与计价表”，如表 3-60 所示。

表 3-60　分部分项工程及单价措施项目清单与计价表

工程名称：某装饰工程　　　　第 1 页 共 1 页

序号	项目编码	项目名称	项目特征	计量单位	工程量	金额/元		
						综合单价	合价	其中：暂估价
1	010803002001	防火卷帘门	门代号及洞口尺寸： FM-1 (5600mm ×4000mm)， FM-2(4600mm× 4000mm)	m^2	126.4			
2	011701006001	满堂脚手架	搭设方式：满堂搭设 搭设高度：10m 脚手架材质：钢管	m^2	130			

思考与训练

一、多项选择题

1. 在某装饰工程工程量清单，大理石门套(010808005001)的项目特征应描述的主要内容是(　　)。

A. 线条品种、规格　　B. 门窗套展开宽度

C. 抹灰厚度　　D. 面料材料品种、规格

E. 黏结材料品种、规格

2. 下列关于清单项目成品木门窗套工程量计算规则，说法正确的是(　　)。

A. 以樘计算，按设计图示数量计算

B. 以 m^2 计量，按设计图示尺寸以展开面积计算

C. 以 m^2 计量，按设计图示尺寸水平投影面积计算

D. 以 m 计量，按设计图示中心延长米计算

E. 以 m 计量，按设计图示外边线以延长米计算

二、实务题

1. 某户室内门为成品实木门带套，M-1：800mm×2100mm，共 4 樘，M-2：700mm×2100mm，共 2 樘，均含锁和普通五金。试编制该户居室门的分部分项工程工程量清单。

2. 某户室阳台门为成品塑钢门 SM-1：2400mm×2100mm，共 1 樘，夹胶玻璃(6+2.5+6)，型材为塑钢 90 系列，普通五金，框边安装成品实木门套，展开宽度为 350mm。试编制该用户居室阳台门的分部分项工程工程量清单。

项目 3.7　清单计价模式装饰工程造价文件的编制

能力标准：

- 掌握工程量清单计价文件主要内容及计价表一般格式。
- 会用清单计价模式编制装饰工程招标控制价、投标报价。

3.7.1　招标控制价与投标报价编制要求

招标控制价是指招标人根据国家或省级行业建设主管部门颁发的有关计价依据和办法，以及拟定的招标文件和招标工程量清单，结合工程具体情况编制的招标过程的最高投标限价。投标报价是投标人投标时响应招标文件要求所报出的对已标价工程量清单汇总后标明的总价。招标控制价与投标报价编制要求参照标准为《建设工程工程量清单计价规范》(GB 50500—2013)(以下简称《计价规范》)。

1. 招标控制价

1) 一般规定

(1) 国有资金投资的建设工程招标，招标人必须编制招标控制价。

(2) 招标控制价应由具有编制能力的招标人或受其委托具有相应资质的工程造价咨询人编制和复核。

(3) 工程造价咨询人接受招标人委托编制招标控制价，不得再就同一工程接受投标人委托编制投标报价。

(4) 招标控制价应按照本规范第 5.2.1 条的规定编制，不应上调或下浮。

(5) 当招标控制价超过批准的概算时，招标人应将报原概算审批部门审核。

(6) 招标人应在发布招标文件时公布招标控制价，同时应将招标控制价及有关资料报送工程所在地或有该工程管辖权的行业管理部门工程造价管理机构备案。

2) 编制与复核

(1) 招标控制价应根据下列依据编制与复核。

① 计量与计价规范。

② 国家或省级、行业建设主管部门颁发的计价定额和计价办法。

③ 建设工程设计文件及相关资料。

④ 拟定的招标文件及招标工程量清单。

⑤ 与建设项目相关的标准、规范、技术资料。

⑥ 施工现场情况、工程特点及常规施工方案。

⑦ 工程造价管理机构发布的工程造价信息，当工程造价信息没有发布时，参照市场价。

⑧ 其他的相关资料。

(2) 综合单价中应包括招标文件中划分的应由投标人承担的风险范围及其费用。招标文件中没有明确的，如果工程造价咨询人编制，应提请招标人明确；如果招标人编制，应予以明确。

(3) 分部分项工程和措施项目中的单价项目，应根据拟定的招标文件和招标工程量清单项目中的特征描述及有关要求确定综合单价。

(4) 措施项目中总价项目应根据拟定的招标文件和常规施工方案按本规范第 3.1.4 条和第 3.1.5 条的规定计价。

(5) 其他项目应按下列规定计价。

① 暂列金额应按招标工程量清单中列出的金额填写。

② 暂估价中的材料、工程设备单价应按招标工程量清单中列出的单价计入综合单价。

③ 暂估价中的专业工程金额应按招标工程量清单中列出的金额填写。

④ 计日工应按招标工程量清单中列出的项目根据工程特点和有关计价依据确定综合单价。

⑤ 总承包服务费应根据工程量清单列出的内容和要求估算。

(6) 规费和税金应按本规范第 3.1.6 条的规定计算。

2. 投标报价

1) 一般规定

(1) 投标价应由投标人或受其委托具有相应资质的工程造价咨询人编制。

(2) 投标人应依据本规范第 6.2.1 条的规定自主确定投标报价。

(3) 投标报价不得低于工程成本。

(4) 投标人必须按照招标工程量清单填报价格。项目编码、项目名称、项目特征、计量单位、工程量必须与招标工程量清单一致。

(5) 投标人的投标报价高于招标控制价的应予废标。

2) 编制与复核

装饰工程工程量清单计价模式投标报价是一个综合过程(图 3-18)，它综合了前述各项目的内容。

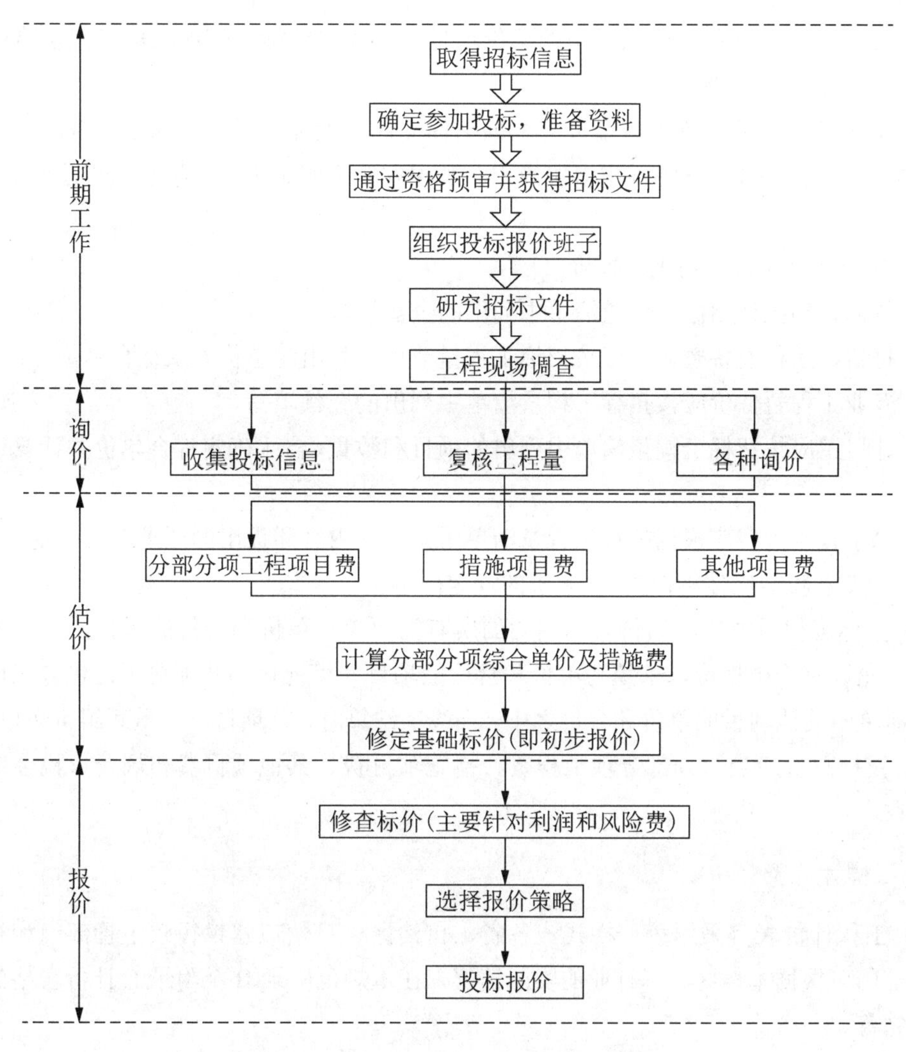

图 3-18 工程量清单计价模式投标报价程序

(1) 投标报价应根据下列依据编制和复核。

① 计量与《计价规范》(GB 50500—2013)。

② 国家或省级、行业建设主管部门颁发的计价办法。

③ 企业定额，国家或省级、行业建设主管部门颁发的计价定额和计价办法。

④ 招标文件、招标工程量清单及其补充通知、答疑纪要。

⑤ 建筑工程设计文件及相关资料。

⑥ 施工现场情况、工程特点及投标时拟定的施工组织设计和施工方法。

⑦ 与建设项目相关的标准、规范等技术资料。

⑧ 市场价格信息或工程造价管理机构发布的工程造价信息。

⑨ 其他相关资料。

(2) 综合单价中应包括招标文件中划分的应由招标人承担的风险范围及其费用，招标文件中没有明确的，应提请招标人明确。

(3) 分部分项工程和措施项目中的单价项目，应根据招标文件和招标工程量清单项目中的特征描述确定综合单价。

(4) 措施项目中的总价项目金额应根据招标文件及投标时拟定的施工组织设计或施工方案，按本规范第 3.1.4 条的规定自主确定。其中安全文明施工费应按照本规范第 3.1.5 条的规定确定。

(5) 其他项目应按下列规定报价。

① 暂列金额应按招标工程量清单中列出的金额填写。

② 材料、工程设备暂估价应按招标工程量清单中列出的单价计入综合单价。

③ 专业工程暂估价应按招标工程量清单中列出的金额填写。

④ 计日工应按招标工程量清单中列出的项目和数量，自主确定综合单价并计算计日工金额。

⑤ 总承包服务费应根据招标工程量清单中列出的内容和提出的要求自主确定。

(6) 规费和税金应按规范第 3.1.6 条的规定确定。

(7) 招标工程量清单与计价表中列明的所有需要填写单价和合价的项目，投标人均应填写且只允许有一个报价。未填写单价和合价的项目，可视化为此项费用已包含在已标价工程量清单中其他项目的单价和合价之中。当竣工结算时，此项目不得重新组价予以调整。

(8) 投标总价应当与分部分项工程费、措施项目费、其他项目费和规费、税金的合计金额一致。

3. 工程计价表

(1) 工程计价表宜采用统一格式。各省、自治区、直辖市建设行政主管部门和行业建设主管部门可根据本地区、本行业的实际情况，在本规范附录 B 至附录 L 计价表格的基础上补充完善。

(2) 工程计价表格的设置应满足工程计价的需要，方便使用。

(3) 工程计价表格格式包括封面、扉页、总说明、总价表、费用汇总表、清单与计价表、综合单价分析表、工料机汇总表等。

3.7.2 装饰工程招标控制价的编制

以某经理办公室装饰工程为例(具体内容详见单元 2 项目 2.8 中的 2.8.2 小节，施工图见图 2-76 至图 2-80)。工程量计算表如表 3-61 所示。

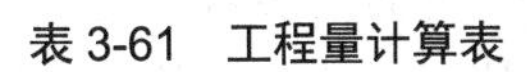

表 3-61　工程量计算表

序号	项目编码	项目名称	计量单位	工程量	计算式
1	010801001001	木质门	m^2	1.79	0.85×2.1
2	010807001001	金属窗	m^2	10.00	5.88×1.7
3	010808001001	木门套	m^2	0.52	0.05×(2.15×2+0.85) ×2
4	010809004001	石材窗台板	m^2	0.76	(6−0.12)×0.13
5	010810001001	窗帘	m^2	10.00	5.88×1.7
6	010810002001	木窗帘盒	m	5.88	5.88
7	011102003001	块料楼地面	m^2	42.95	7.5×5.88−0.7×0.58×2−(0.58/2+0.58)×2
8	011105005001	木质踢脚线	m	28.13	[(7.5+0.58×2)+5.88]×2−0.95
9	011208001001	柱面装饰	m^2	13.92	(0.58/2+0.58)×2.55×2+(0.7+0.58×2)×2.55×2
10	011302001001	木龙骨吊顶天棚	m^2	2.29	[0.3+(0.1+0.14)×2]×[0.5+(0.1+0.14)×2]
11	011302001002	轻钢龙骨吊顶天棚	m^2	41.81	7.5×5.88−2.29
12	011401001001	木门油漆	m^2	1.79	0.85×2.1
13	011403002001	窗帘盒油漆	m	5.88	5.88
14	011407006001	木材构件喷刷防火涂料	m^2	2.29	{[0.3+(0.1+0.14)×2]×[0.5+(0.1+0.14)×2]} ×3
15	011404004002	木方格吊顶天棚油漆	m^2	3.19	[0.3+(0.1+0.14)×2]×[0.5+(0.1+0.14)×2]×3+{[(0.3+0.1×2+0.5+0.1×2)×2×0.075]+[(0.3+0.5)×2×0.075]}×3
16	011404007001	其他木材面(天棚面层油漆)	m^2	54.72	[0.3+(0.1+0.14)×2]×[0.5+(0.1+0.14)×2]×3+{[(0.3+0.1×2+0.5+0.1×2)×2×0.075]+[(0.3+0.5)×2×0.075]}×3+41.81+7.21
17	011407006002	木材构件喷刷防火涂料	m^2	13.92	(0.58/2+0.58)×2.55×2+(0.7+0.58×2)×2.55×2
18	011408001001	墙纸裱糊	m^2	46.34	15.82+4.17+0.99+13.89+11.47
		其中：*A* 立面	m^2	15.82	7.5×2.43−0.29×2.43−0.7×2.43
		B 立面	m^2	4.17	5.88×(0.73−0.02)
		C 立面	m^2	13.89	7.5×2.43−0.29×2.43−0.7×2.43−0.95×(2.15−0.12)
		D 立面	m^2	11.47	5.88×2.43−0.58×2×2.43
		窗洞口的侧壁	m^2	0.99	[(1.7+0.3)×2+5.88]×0.1
19	011502002001	木质装饰线(门扇上锣 5mm 凹线)	m	5.10	0.85×3

某经理办公室装饰工程招标控制价的主要内容见二维码附表2。

具体表格可扫描二维码获取或从网上下载，其中包括附表2-1至附表2-19。

(1) 招标控制价封面(见附表2-1)。

(2) 工程计价总说明(见附表2-2)。

(3) 单位工程招标控制价汇总表(见附表2-3)。

(4) 措施项目汇总表(见附表2-4)。

(5) 分部分项工程项目清单计价表(见附表2-5)。

(6) 施工技术措施项目清单计价表(见附表2-6)。

(7) 分部分项工程项目清单综合单价分析表(见附表2-7)。

(8) 施工技术措施项目清单综合单价分析表(见附表2-8)。

(9) 施工组织措施项目清单计价表(见附表2-9)。

(10) 其他项目清单计价汇总表(见附表2-10)。

(11) 暂列金额明细表(见附表2-11)。

(12) 专业工程暂估价及结算价表(见附表2-12)。

(13) 计日工表(见附表2-13)。

(14) 总承包服务费计价表(见附表2-14)。

(15) 规费、税金项目计价表(见附表2-15)。

(16) 发包人提供材料和工程设备一览表(见附表2-16)。

(17) 承包人提供主要材料和工程设备一览表(见附表2-17)。

(18) 清单子目表(见附表2-18)。

(19) 人材机价差表(见附表2-19)。

附表2 某经理办公室装饰工程招标控制价.xlsx

思考与训练

一、多项选择题

1. 工程量清单计价中，下列关于招标控制价编制的说法正确的是(　　)。

   A. 国有资金投资的建设工程招标，招标人必须编制招标控制价

   B. 工程造价咨询人接受招标人委托编制招标控制价，不得再就同一工程接受投标人委托编制投标报价

   C. 当招标控制价超过批准的概算时，招标人应将其报原概算审批部门审核

   D. 综合单价中应包括招标文件中划分的应由投标人承担的风险范围及其费用

   E. 不考虑施工现场情况、工程特点及常规施工方案

2. 工程量清单计价中，下列关于投标报价编制的说法正确的是(　　)。

   A. 投标价应由投标人或受其委托具有相应资质的工程造价咨询人编制

   B. 投标报价不得低于工程成本

   C. 投标人必须按招标工程量清单填报价格

D. 投标人的投标报价可以高于招标控制价

E. 应考虑施工现场情况、工程特点及施工方案

二、实务题

某装饰工程分部分项工程清单计价合计为52万元，单价措施项目清单计价合计为2万元，总价措施项目费为1.8万元，其他项目清单计价合计为3.5万元，暂列金额为2万元，规费费率为3.6%，税率为3.48%。试将单位装饰工程费汇总为表3-62中的项目内容并将金额填完整。

表3-62 单位装饰工程费汇总表

序　号	项目名称	金额/元	其中：暂估价/元
1	分部分项工程费		
2	措施项目费		
2.1	措施项目费(一)		
2.2	措施项目费(二)		
3	其他项目费		
3.1	暂列金额		
3.2	特殊项目费		
3.3	计日工		
3.4	总承包服务费		
4	规费		
5	税金		
	合计		

参 考 文 献

[1] 饶武，何辉. 建筑装饰工程计量与计价[M]. 北京：机械工业出版社，2009.

[2] 钟汉华. 建筑施工技术[M]. 北京：北京大学出版社，2016.

[3] 陈守兰. 建筑施工技术[M]. 北京：科学出版社，2005.

[4] 姚谨英. 建筑施工技术[M]. 3 版. 北京：中国建筑工业出版社，2007.

[5] 付庆向. 装饰工程计量与计价[M]. 南京：南京大学出版社，2015.

[6] 张寅. 建筑装饰装修工程计量与计价[M]. 北京：高等教育出版社，2011.

[7] 肖明和. 建筑工程计量与计价[M]. 南京：南京大学出版社，2012.

[8] 陈祖德. 室内装饰工程预算[M]. 北京：北京大学出版社，2008.

[9] 柯洪. 建设工程计价[M]. 北京：中国计划出版社，2007.

[10] 黄伟典. 建筑工程计量与计价[M]. 北京：中国环境科学出版社，2006.

[11] 夏宪成. 建筑与装饰工程计量与计价[M]. 北京：中国矿业大学出版社，2010.

[12] 袁建新. 建筑工程计量与计价[M]. 北京：人民交通出版社，2007.

[13] 袁建新. 建筑装饰工程预算[M]. 北京：科学出版社，2006.

[14] 中华人民共和国住房和城乡建设部. GB 50500—2008 建设工程工程量清单计价规范[S]. 北京：中国计划出版社，2008.

[15] 薛淑萍. 建筑装饰工程计量与计价[M]. 北京：电子工业出版社，2008.

[16] 吴锐. 建筑装饰装修工程预算[M]. 北京：人民交通出版社，2012.

[17] 李瑞峰. 建筑装饰工程造价与招投标[M]. 北京：东方出版社，2012.

[18] 建设部标准定额研究所. 全国统一建筑装饰工程消耗量定额. 北京：中国计划出版社，2002.

[19] 住房和城乡建设部. 建筑工程建筑面积计算规范[S]. 北京：中国计划出版社，2013.

[20] 沈华. 建筑及装饰工程计量与计价[M]. 北京：高等教育出版社，2013.

[21] 宋巧玲. 装饰工程计量与计价实务[M]. 北京：清华大学出版社，2012.